有机化学实验

（第二版）

主　编	熊志勇　徐惠娟		
主　审	陈正平		
副主编	李　冲　郭冰之　李贺敏　盛文兵		
	徐　林		
参　编	马文英　杨丽丽　唐小勇　魏永春		
	林楚宏　喻　鹏　王　锦　董英英		

华中科技大学出版社

中国·武汉

内 容 提 要

本书是有机化学实验教学用书,包括有机化学实验的基本知识,基本操作实验,性质实验,制备实验,天然产物的提取实验,综合性与设计性实验,附录,共七个部分。本书内容覆盖面广,具有多重层次,既重视基础性实验训练,又注重提高性实验训练。

本书可供应用型本科院校化工、医药、食品、农林、生命科学等类专业教学使用。

图书在版编目(CIP)数据

有机化学实验/熊志勇,徐惠娟主编.—2版.—武汉:华中科技大学出版社,2020.1
全国应用型本科院校化学课程统编教材
ISBN 978-7-5680-5936-7

Ⅰ.①有…　Ⅱ.①熊…　②徐…　Ⅲ.①有机化学-化学实验-高等学校-教材　Ⅳ.①O62-33

中国版本图书馆 CIP 数据核字(2010)第 212487 号

有机化学实验(第二版)
Youji Huaxue Shiyan(Di-er Ban)　　　　　　　　　　　　　熊志勇　徐惠娟　主编

策划编辑:王新华
责任编辑:王新华
封面设计:原色设计
责任校对:王亚钦
责任监印:周治超
出版发行:华中科技大学出版社(中国·武汉)　　　电话:(027)81321913
　　　　　武汉市东湖新技术开发区华工科技园　　　邮编:430223
录　排:华中科技大学惠友文印中心
印　刷:武汉华工鑫宏印务有限公司
开　本:787mm×1092mm　1/16
印　张:9.5
字　数:246 千字
版　次:2020 年 1 月第 2 版第 1 次印刷
定　价:29.80 元

第二版前言

　　本书是根据应用型本科院校有机化学的教学要求而编写的实验教学用书。本书重视有机化学实验的基础知识,强调实用性,注重培养学生的动手能力和科研设计能力,全书共分为6章。第1章介绍有机化学实验课的任务和要求、实验室规则及安全事项,还介绍了实验中常用的玻璃仪器及常用的电器与设备、有机合成反应的实施方法、实验预习与实验报告,这部分适合学生自学,通过阅读该部分内容,学生可以对有机化学实验进行一些基本了解,做好实验前的准备工作。第2章介绍有机化学实验中常用单元基本操作的理论和规范,并将这些单元基本操作设计成简单的实验内容,以便进行训练,这部分内容适合在学生初入实验室时作为适应性训练内容使用,同时为后面章节所涉及的各单元操作提供规范。第3章介绍一些性质实验,这一章的内容是各类化合物的性质在实验中的具体体现,通过该部分内容的训练,学生不仅对各类化合物的性质增加感性认识,也可以掌握一些常用的化学鉴别方法。第4章介绍一些制备实验,制备实验的训练可让学生熟练掌握基本操作,同时建立初步的有机合成意识,并提高实验协调、规划能力。第5章为天然产物的提取实验,让学生将理论运用于实践,培养学习兴趣。第6章为综合性与设计性实验,有关元素鉴定、化学提取分离及合成的内容,这部分内容综合性较强,通过训练可以进一步提高学生的实验动手能力;另外,虽然我们针对每一项实验内容提供了基本的实验方法,但我们还是推荐老师们在此部分要求学生通过查阅文献提出新的实验方案或者对实验方案提出修改意见,这样有利于培养学生的科研意识和创新能力。书后附录提供一些常用溶剂的性质、常见元素的相对原子质量及常用有机物的物理常数、常用有机试剂的配制方法,以及恒沸溶液的组成性质等,以便于使用者查阅。本版根据《有机化合物命名原则2017》对相关内容进行了修订。

　　本书可供化工、医药、食品、农林、生命科学等类专业的本科生使用。

　　本书由北京理工大学珠海学院熊志勇、李冲、郭冰之、马文英、杨丽丽、唐小勇、魏永春、林楚宏,辽宁科技学院徐惠娟,南京中医药大学李贺敏,湖南中医药大学盛文兵,聊城大学东昌学院徐林,湖南农业大学喻鹏、王锦,河南城建学院董英英共同编写,由南昌大学科学技术学院陈正平主审。

　　由于编者水平有限,书中难免会有不足之处,敬请各校老师和同学们批评指正,以不断提高本书质量。

编　者

目　录

第1章 有机化学实验的基本知识

1.1 有机化学实验课的任务和要求

有机化学是一门以实验为基础的学科,许多有机化学理论与规律都是来自实验,同时还可以通过实验来验证理论。尽管现代科学技术突飞猛进,使有机化学从经验科学走向理论科学,但是实验仍然是该学科的重要研究手段。特别是在学生的学习过程中,通过有机化学实验的训练,可以巩固和加深对课堂讲授的基本理论的理解,培养正确选择有机化合物的合成、鉴定方法的能力,提高分析和解决实验中所遇到问题的能力,并在有机化学实验的基本操作方面获得较全面的训练。

1.2 有机化学实验室规则及安全事项

1.2.1 有机化学实验室规则

为了培养学生良好的实验习惯,保证实验的顺利进行,学生必须遵守下列实验室规则。

1. 实验前认真预习

学生在做实验前应仔细阅读实验教材的内容,对本实验中的实验目的、实验原理及注意事项等做到心中有数,然后根据需要复习相关理论知识、查阅资料,充分做好实验前的准备工作,确保能够流畅地完成实验过程。

2. 熟悉实验室环境

学生在第一次进入每个实验室时,都应细心观察、熟悉实验室环境,了解水电的位置、消防器材的位置、急救药品的使用方法等。

3. 爱护实验器材,注重节约

注意检查实验仪器是否完好无损,如玻璃器皿有无破损、电器线路是否完好。在实验中细心爱护实验器材,对玻璃仪器要轻拿轻放,实验装置要稳妥安放,电线等不要直接挨着电炉的强热部位等。如损坏仪器,要办理登记更换手续。

要节约水、电、煤气、滤纸、称量纸、试剂。

4. 遵守实验纪律

在实验过程中应保持安静,如需向老师提问应举手示意,同学间互相讨论时应小声,切忌大声喧哗。不准用散页纸做记录,以免散失。实验过程中要集中精力,认真操作,仔细观察并积极思考。

遵从老师的指导,严格按照实验教材所规定的操作步骤、试剂的规格和用量进行实验。

5. 保持实验台面和地面整洁

污物应放到指定的地方,不要乱抛乱扔,更不能丢入水槽,以免堵塞下水管道;废酸、废碱及回收的有机溶剂等应倒入指定的废液缸或回收器皿。实验结束后将所用仪器洗净并归还原处,离开实验室前应清理干净实验台面。

6. 学生轮流值日

值日生负责整理公用器材、药品,打扫地面,倒掉垃圾,检查水、电、煤气及门窗是否关好。

1.2.2　实验室的安全事项

有机化学实验所用的药品很多是有毒,易燃,具有腐蚀性、刺激性甚至爆炸性的物质,而化学反应又在不同的情况下进行,需要各种热源、电器、玻璃仪器或其他设备,操作不慎就会造成火灾、爆炸、触电、割伤、烧伤或中毒等事故。但是只要思想上重视,注意预防,事故是可以避免的。同时,还应清楚在事故发生后,如何正确、果断地处理,以控制和消除事故,减少损失。为了预防和处理危险事故,应熟悉有关安全的基本知识。

1. 火灾的预防及处理

(1) 正确使用酒精灯、电炉等加热器材,远离易燃物品。例如:不要向燃着的酒精灯内添加酒精;电线不要触碰或紧挨电炉的加热部位;使用易燃性溶剂,如苯、乙醚、丙酮、石油醚或酒精等物质时应远离火源等。

(2) 实验室内不要大量存放易燃物,实验台面上不准摆放易燃物。

(3) 不能用敞口容器盛装易燃液体;加热易燃液体时,不能用明火直接加热,应根据需要使用水浴或油浴等,用回流或蒸馏装置加热,并保持冷却水畅通。回流或蒸馏溶液时,应加止爆剂(沸石)防止溶液暴沸而冲出。若在加热后发现未加止爆剂,则应等其冷却后再加入,以防瓶内物质冲出。蒸馏易燃的药品时谨防漏气,余气不应接近火源,最好用橡皮管通到室外或吸收槽。

(4) 当烧杯、蒸发皿或其他容器中的液体着火时,如系小火,可用玻璃板、瓷板、石棉板甚至木板覆盖,即可使火熄灭。如果燃着的液体洒在地板或桌面上,可用干燥的细沙扑灭;着火液体如系比水轻的有机溶剂(如苯、石油醚等),切勿用水扑灭,因为燃着的液体在水面上会蔓延开来,使燃烧面积扩大。

(5) 火较大时应使用灭火器。要熟悉灭火器的使用方法。

(6) 使用钾、钠等活泼金属时,不能将其与水接触,用后多余的金属要倒入指定的回收处理容器。扑灭燃着的钠或钾时,千万不要用水,也不得使用四氯化碳,以免引起猛烈的爆炸,通常应使用干燥的细沙覆盖。

(7) 一旦发生较大范围的火灾,应立即切断实验室内的火源、气源和电源,根据具体情况使用消防设施。

2. 爆炸的预防

(1) 切勿使氢气、乙炔、环氧乙烷等易燃易爆气体接近火源。应避免有机溶剂如醚类和汽油等的蒸气与空气相混合,否则可能由一个火花、电花而引起爆炸。

(2) 对于易爆炸的固体,如乙炔的金属盐、苦味酸、多硝基化合物等切勿敲击或重压,以免发生爆炸。

(3) 进行常压蒸馏、分馏或回流时,装置应有一定的出口通向大气,否则会因系统内气压的增加而发生爆炸。进行减压蒸馏时,所有容器均应为耐压容器,且容器不能有裂痕。

(4) 乙醚应放置在阴凉通风处,使用久置的乙醚,需预先检查是否含有过氧化物。如含过氧化物,应先除去过氧化物再使用。

(5) 进行可能引起爆炸的实验时,操作者应戴上面罩或护目镜。

3. 受伤的预防和处理

（1）化学试剂灼伤。

一些化学试剂有腐蚀性或容易灼伤皮肤，使用时应严格按照操作规程，必要时可戴上橡皮手套和护目镜。当发生灼伤时，应视具体情况进行处理。

酸灼伤皮肤时，立即用大量水冲洗，然后用 3％～5％碳酸氢钠溶液洗，最后用水洗。若酸液溅入眼内，立即用大量水冲洗。浓硫酸沾上皮肤时，要立即用干布擦去，然后用上述方法处理。

碱灼伤皮肤时，立即用大量水冲洗，然后用 2％乙酸溶液洗，最后用水洗。

溴灼伤皮肤时，应用水冲洗，再用酒精擦洗或用 $20\ \mathrm{g\cdot L^{-1}}$ 硫代硫酸钠溶液洗至灼伤处呈白色，然后涂上甘油或烫伤油膏。

（2）割伤。

玻璃仪器使用不当造成破损时，可能引起割伤。因此在玻璃仪器的安装、拆卸过程中应小心操作，不能用力过猛。

如出现玻璃割伤，应先把伤口处的玻璃碎片取出，挤出污血，用蒸馏水洗后涂上碘酒，用绷带扎住；对大伤口应先按紧主血管，以防止大量出血；伤势严重者赶快送医院处理。

（3）烫伤。

实验中常需加热，容易发生烫伤事件，特别是蒸汽的烫伤。轻伤皮肤未破时涂以烫伤油膏。

4. 中毒的预防及处理

有机化学实验中常用到或产生有毒物质，若吸入有毒物质或误食有毒物质，会造成中毒事件。实验时应注意以下几点。

（1）严禁在实验室内进食。

（2）有毒药品应妥善保管，不许乱放。实验室所用的剧毒物应由专人负责收发，并向使用者提出必须遵守的有关操作规程。实验后的有毒残渣必须进行妥善而有效的处理，不准乱丢。

（3）在使用有毒药品时，必须戴橡皮手套，操作后立即洗手，以免沾上皮肤，更不能让有毒物品沾上伤口。如手上沾到有毒药品，应立即用冷水洗涤，并使用肥皂或洗手液，切不可用热水或有机溶剂洗涤。

（4）其蒸气有毒或有刺激性的挥发性药品，均应在通风橱内使用；在反应过程中，可能生成有毒或有腐蚀性气体的实验，应在通风橱中进行。

1.3　常用有机试剂的配制

在有机化学反应中，产物的分离和纯化都离不开溶剂。市售的有机溶剂规格各不相同，如工业级、化学纯、分析纯等。不同规格的有机溶剂价格也不尽相同，纯度越高，价格越高。在有机制备过程中，应根据化学反应特点，选用合适规格的试剂，这样既符合反应要求，又节省资金。有的有机合成使用溶剂比较多，全部靠买市售纯品，不仅价格较高，而且不一定能满足实验要求。因此，了解有机溶剂的性质和精制方法是十分必要的。某些有机化学反应，对溶剂要求非常高，即使微量的水分或杂质的存在，也会影响反应的产率、反应速度和产品纯度。因此，纯化有机溶剂也是有机合成实验必不可少的基本操作。

在有机化学合成、分离等实验工作中，常需检验、鉴别各类化合物，例如，色谱分离中常要有适当的显色试剂，这些试剂大多可以在实验室中配制。

下面介绍部分常用有机溶剂在一般实验室条件下的精制方法及一些常用化学试剂的配制方法。

1. 绝对乙醇

乙醇的分子式为 C_2H_5OH，折光率 n_D^{20} 为 1.3616，相对密度 d_4^{20} 为 0.7893。

市售的无水乙醇一般只能达到 99.5% 的纯度，在许多反应中需要用纯度更高的绝对乙醇，经常需要自己制备。通常工业用的 95.5% 乙醇不能直接用蒸馏法制取无水乙醇，因 95.5% 乙醇和 4.5% 水形成恒沸点混合物。要把水除去，第一步是加入氧化钙(生石灰)煮沸回流，使乙醇中的水与生石灰作用生成氢氧化钙，然后再将无水乙醇蒸出。这样得到无水乙醇，纯度最高达 99.5%。纯度更高的无水乙醇可用金属镁或金属钠进行处理。反应式如下：

$$2C_2H_5OH + Mg \longrightarrow (C_2H_5O)_2Mg + H_2 \uparrow$$
$$(C_2H_5O)_2Mg + 2H_2O \longrightarrow 2C_2H_5OH + Mg(OH)_2 \downarrow$$

或

$$2C_2H_5OH + 2Na \longrightarrow 2C_2H_5ONa + H_2 \uparrow$$
$$C_2H_5ONa + H_2O \longrightarrow C_2H_5OH + NaOH$$

操作步骤如下。

(1) 无水乙醇(99.5%)的制备。

在 500 mL 圆底烧瓶[1]中，放置 200 mL 95% 乙醇和 50 g 生石灰[2]，用木塞塞紧瓶口，放置至下次实验[3]。下次实验时，拔去木塞，装上回流冷凝管，其上端接氯化钙干燥管，在水浴上回流加热 2～3 h，稍冷后取下回流冷凝管，改成蒸馏装置。蒸去馏分后，用干燥的抽滤瓶或蒸馏瓶作接收器，其支管接氯化钙干燥管，使其与大气相通。用水浴加热，蒸馏至几乎无液滴流出为止。称量无水乙醇的质量或量其体积，计算回收率。

(2) 绝对乙醇(99.95%)的制备。

① 金属镁制取法：在 250 mL 圆底烧瓶中，放置 0.6 g 干燥、纯净的镁条，10 mL 99.5% 乙醇，装上回流冷凝管，并在回流冷凝管上接氯化钙干燥管。用沸水浴或用火直接加热使其达到微沸状态，移去热源，立刻加入几粒碘片(注意此时不要振荡)，顷刻即在碘粒附近发生作用，最后可以达到相当剧烈的程度。有时作用太慢则需要加热。如果在加碘后，反应仍未开始，则可再加入数粒碘(一般来说，乙醇与镁作用是缓慢的，如所用乙醇含水量超过 0.5% 则作用尤其困难)。待全部镁已经作用后，加入 100 mL 99.5% 乙醇和几粒沸石。回流 1 h，蒸馏，产物收存于玻璃瓶中，用橡皮塞或磨口塞塞住。

② 金属钠制取法：装置和操作同①，在 250 mL 圆底烧瓶中，放置 2 g 金属钠[4]和 100 mL 纯度至少为 99.5% 的乙醇，加入几粒沸石。加热回流 30 min 后，加入 4 g 邻苯二甲酸二乙酯[5]，再回流 10 min。取下回流冷凝管，改成蒸馏装置，按收集无水乙醇的要求进行蒸馏。产品贮于带有磨口塞或橡皮塞的容器中。

检验乙醇是否含有水分，常用的检验方法有两种：在一支洁净的试管中加入制得的无水乙醇 2 mL，随即加入少量的无水硫酸铜粉末，如果无水硫酸铜变为蓝色，证明无水乙醇中含有水分；另取一支洁净的试管，加入制得的无水乙醇 2 mL，加入几粒干燥的高锰酸钾，如果溶液呈紫红色，说明乙醇中含有水分。

注意事项如下。

[1] 实验所使用的仪器都必须彻底干燥。无水乙醇吸水性很强，操作过程中和储存时必须防止水分侵入。

[2] 一般用干燥剂干燥有机溶剂时，在蒸馏前应先过滤除去。但氧化钙与乙醇中的水反

应生成氢氧化钙,加热时不分解,故可留在瓶中一起蒸馏。

[3] 若不放置,可延长回流时间。

[4] 加入邻苯二甲酸二乙酯的目的是利用它和氢氧化钠进行如下反应:

$$\begin{array}{c} \text{COOC}_2\text{H}_5 \\ \bigcirc \\ \text{COOC}_2\text{H}_5 \end{array} + 2\text{NaOH} \longrightarrow \begin{array}{c} \text{COONa} \\ \bigcirc \\ \text{COONa} \end{array} + 2\text{C}_2\text{H}_5\text{OH}$$

因此消去了乙醇和氢氧化钠生成乙醇钠和水的作用,如此得到的乙醇纯度极高。

[5] 回流和蒸馏时,装置中各连接部分不能漏气。整个系统不能封闭,开口处应装有干燥剂的干燥管。干燥剂不能装得太紧,尤其是装干燥剂时用的脱脂棉不能太多,也不能堵得太紧。

2. 无水乙醚

乙醚的分子式为 $(\text{C}_2\text{H}_5)_2\text{O}$,沸点为 34.6 ℃,折光率 n_D^{20} 为 1.35555,相对密度 d_4^{20} 为 0.7134。

普通乙醚中常含有 0.5%水、2%乙醇,久藏的乙醚含有少量的过氧化物等杂质。这对于要求以无水乙醚为溶剂的反应(如格氏试剂反应),不仅影响反应的进行,且容易发生危险。制备无水乙醚前首先要检验并除去过氧化物。

取少量乙醚与等体积的 2%碘化钾-淀粉溶液,加入几滴稀盐酸并一起振荡。若能使淀粉溶液变成紫色或蓝色,即证明有过氧化物存在。

在分液漏斗中加入普通乙醚和相当于乙醚体积 1/5 的新配制的硫酸亚铁溶液[1],剧烈摇动后除去水溶液。除去过氧化物后,按照下述操作步骤进行精制。

(1) 浓硫酸脱水。在 250 mL 圆底烧瓶中,加入 100 mL 新购进的乙醚和几粒沸石,装上冷凝管,冷凝管上端插入盛有 10 mL 浓硫酸[2]的恒压滴液漏斗。通入冷却水,将浓硫酸慢慢滴入乙醚中,由于脱水作用产生热量,此时乙醚会自行沸腾。加完后,摇动反应物。

(2) 常压蒸馏出乙醚。待乙醚停止沸腾后,拆下冷凝管,改成常压蒸馏装置。在真空尾接管排气支管上连接氯化钙干燥管,并将与干燥管相连的橡皮管导入水槽。加入沸石后,用热水浴加热蒸馏,蒸馏速度不宜过快,以免乙醚蒸气来不及冷凝而逸散室内[3]。当收集到约 70 mL 乙醚,且蒸馏速度显著变慢时,即可停止蒸馏。瓶内所剩残液应倒入指定的回收瓶中,千万不要直接用水冲洗,以免发生爆炸(浓硫酸遇水后立即放出大量的热量)。

(3) 储存乙醚。将蒸馏收集的乙醚倒入干燥的锥形瓶中,加入 1 g 钠屑,然后用装有无水氯化钙的干燥管塞住,防止潮气进入和气体溢出。放置一定时间(24 h),不再有气泡溢出,而且钠的表面较好,这样即可存放,下次实验时作为试剂用。如放置一定时间后,金属钠表面已全部发生作用,须重新放入少量钠屑,放置至无气泡放出。这种无水乙醚基本达到一般无水乙醚的要求[4-6]。

注意事项如下。

[1] 硫酸亚铁溶液的制备:在 110 mL 水中加入 6 mL 浓硫酸,然后加入 60 g 硫酸亚铁。硫酸亚铁溶液久置后容易氧化变质。使用较纯的乙醚制取无水乙醚时,可免去硫酸亚铁溶液的洗涤。

[2] 也可在 100 mL 乙醚中加入 4~5 g 无水氯化钙代替浓硫酸作干燥剂,并在下步操作中用五氧化二磷代替金属钠而制得合格的无水乙醚。

[3] 乙醚沸点为 34.6 ℃,常温下蒸气压高(20 ℃时蒸气压为 58.9 kPa),极易挥发,且蒸气密度比空气大(约为空气的 2.5 倍),容易聚集在桌面附近或低凹处。乙醚在空气中的爆炸极限为 1.85%～36.5%,所以在使用和蒸馏过程中,应谨慎操作,远离火源。尽量不要让乙醚蒸气散发到空气中,以免造成意外。

[4] 需要更纯的乙醚时,则在除去过氧化物后,再用 0.5%高锰酸钾溶液与乙醚振摇,使其中含有的醛类氧化成酸,然后依次用 5%氢氧化钠溶液和水洗涤,经干燥、蒸馏,再加钠屑。

[5] 所有仪器必须干燥。脱水、蒸馏操作应控制适当的速度。在蒸馏、储存乙醚过程中注意使用干燥管。

[6] 乙醚易燃、易爆,浓硫酸为强脱水剂和氧化剂,应注意规范操作。金属钠与水、酸性物质作用发生爆炸性反应,注意取用和残留处理。馏残液为浓硫酸与乙醚生成的盐,防止灼伤皮肤。

3. 丙酮

丙酮的分子式为 CH_3COCH_3,沸点为 56.5 ℃,折光率 n_D^{20} 为 1.3588,相对密度 d_4^{20} 为 0.788。

普通丙酮中往往含有少量乙醛、甲醇和水分等还原性杂质,含有这些杂质的丙酮,不能作用于格氏试剂,必须精制才可以使用。这些杂质也不可能用简单的蒸馏将其分开,可用下列方法精制。

方法一:在 100 mL 丙酮中加入 5 g 高锰酸钾,回流,以除去还原性杂质。若加入高锰酸钾后紫色很快褪去,说明丙酮中还原性的物质较多,需要再加入少量高锰酸钾继续回流,直至紫色不再褪去为止。蒸出丙酮,用无水碳酸钾或无水硫酸钙干燥,过滤,蒸馏收集 55～56.5 ℃的馏分。此法提纯丙酮时,丙酮中还原性杂质不能太多,否则会消耗过多的高锰酸钾和丙酮,延长处理时间。

方法二:在 100 mL 丙酮中加入 4 mL 10%硝酸银溶液及 35 mL 0.1 mol·L^{-1}氢氧化钠溶液,振荡 10 min,以除去还原性杂质。过滤,滤液用无水硫酸钙干燥后,过滤,蒸馏收集 55～56.5 ℃的馏分。此法较快,但因硝酸银较贵,只适于少量纯化用。

4. 无水甲醇

甲醇的分子式为 CH_3OH,沸点为 64.7 ℃,折光率 n_D^{20} 为 1.3284,相对密度 d_4^{20} 为 0.7918。

市售甲醇系由合成而得,其中含有少量的水分和丙酮,其中水分含量约为 0.1%,丙酮含量约为 0.02%,工业品中这些杂质含量在 0.5%～1%。因为甲醇和水不会形成共沸点的混合物,因此可借助高效的精馏柱通过精馏将少量的水分除去。精制后的甲醇主含量大于99.85%,含水量为 0.1%,含丙酮 0.02%,一般实验可以应用。若要求含水量低于 0.1%,也可以用 3A 型或 4A 型分子筛干燥,即可达到要求。若要制备更高程度无水甲醇,可用金属镁处理,具体方法见前述无水乙醇的制备方法。

注意事项如下:

(1) 甲醇有剧毒,操作时应避免吸入甲醇蒸气;

(2) 甲醇属易燃易爆化学品,操作现场应保持通风。

5. 乙酸乙酯

乙酸乙酯的分子式为 $CH_3COOCH_2CH_3$,沸点为 77 ℃,折光率 n_D^{20} 为 1.3724,相对密度 d_4^{20} 为 0.901。

乙酸乙酯一般含量为 95%～98%,含有少量的乙酸、乙醇和水,一般用下述方法精制。

（1）在 100 mL 乙酸乙酯中加入 10 mL 乙酸酐、1 滴浓硫酸,加热回流 4 h,以除去水和乙醇等杂质,然后进行蒸馏。馏分用 2~3 g 无水硫酸钙干燥后,过滤,蒸馏,收集 77 ℃ 馏分,纯度高达 99.7%。

（2）将乙酸乙酯先用等体积 5% 碳酸钠溶液洗涤,再用饱和氯化钙溶液洗涤,然后用无水碳酸钾干燥后过滤,蒸馏。如需进一步干燥,可再与五氧化二磷回流 0.5 h,过滤,防潮蒸馏。

6. 苯

苯的分子式为 C_6H_6,沸点为 80.1 ℃,折光率 n_D^{20} 为 1.5011,相对密度 d_4^{20} 为0.8765。

由煤焦油加工而来的苯中可能含有少量噻吩,沸点为 84 ℃,而普通苯一般含有少量的水,多者可达 0.02%。要制得无水、无噻吩的苯,不能用分馏或分步沉淀等方法分离除去,可采用下述方法:欲除去噻吩,在分液漏斗中可用等体积 15% 硫酸溶液洗涤苯多次,直至酸层为无色或淡黄色为止。然后依次用水、10% 碳酸钠水溶液、水洗涤苯层,再用无水氯化钙干燥过夜,过滤,蒸馏,收集 80 ℃ 的馏分。若要高度干燥,可加入钠屑进一步去水,具体方法参见前述无水乙醚的制备方法。由石油加工得来的苯一般可省去除噻吩的步骤。

噻吩的检验:取 5 滴精制的苯于小试管中,加 5 滴浓硫酸、1~2 滴 1% α,β-吲哚醌-浓硫酸溶液,振荡片刻。如呈黑绿色或蓝色,证明有噻吩存在。

7. 甲苯

甲苯的分子式为 $CH_3C_6H_5$,沸点为 110.6 ℃,折光率 n_D^{20} 为 1.4967,相对密度 d_4^{20} 为0.8669。

一般甲苯中可能含有少量甲基噻吩。除去方法如下:用浓硫酸洗涤,酸和甲苯的比例约为1∶10,洗涤时要不断振荡 30 min,操作温度应不高于 30 ℃,分出酸层,然后依次用水、10% 碳酸钠水溶液、水洗至中性,再用无水氯化钙干燥过夜,过滤,蒸馏,收集 110 ℃ 馏分。

8. 二硫化碳

二硫化碳的分子式为 CS_2,沸点为 46.2 ℃,折光率 n_D^{20} 为 1.6295,相对密度 d_4^{20} 为1.26。

二硫化碳为有较高毒性的液体,可使神经和血液中毒,具有高度的挥发性和易燃性,所以使用时必须十分小心,避免接触其蒸气。一般有机制备实验对二硫化碳的要求不高,可在普通二硫化碳中加入少量研碎的无水氯化钙,干燥一段时间后滤去干燥剂,然后在水浴中蒸馏收集即可。

若要制得较纯的二硫化碳,需要将试剂级的二硫化碳用 0.5% 高锰酸钾水溶液洗涤多次,除去硫化氢,再用汞不断振荡以除去硫,最后用 2.5% 硫酸汞溶液洗涤,除去所有恶臭即剩余的硫化氢,再用无水氯化钙干燥,过滤,蒸馏收集馏分。其过程反应式如下:

$$3H_2S+2KMnO_4 \longrightarrow 2MnO_2 \downarrow +3S \downarrow +2H_2O+2KOH$$

$$Hg+S \longrightarrow HgS$$

$$HgSO_4+H_2S \longrightarrow HgS \downarrow +H_2SO_4$$

9. 氯仿

氯仿的分子式为 $CHCl_3$,沸点为 61.3 ℃,折光率 n_D^{20} 为 1.4458,相对密度 d_4^{20} 为1.489。

为了防止氯仿分解为有毒的光气,加入一定的乙醇作为稳定剂,普通氯仿中大约含有 1% 乙醇。为了除去乙醇,将氯仿和一半体积的水混合振荡多次,然后分出下层氯仿,用无水氯化钙干燥数小时后过滤,蒸馏。

另一种纯化方法是将氯仿和少量浓硫酸一起振荡两三次。每 100 mL 氯仿用 5 mL 浓硫酸。分出酸层的氯仿再用水洗涤,加无水氯化钙干燥数小时后过滤,蒸馏。

除去乙醇的无水氯仿应保存在棕色的细口瓶中,避免见光,以免分解。

10. 石油醚

石油醚是相对分子质量较低、质轻的石油产品,主要是戊烷和己烷等烃类混合物。沸程比较大,在 30～150 ℃,收集的温度区间一般为 30 ℃ 左右,有 30～60 ℃(d_4^{15} 为 0.59～0.62)、60～90 ℃(d_4^{15} 为 0.62～0.67)、90～120 ℃(d_4^{15} 为 0.67～0.72)和 120～150 ℃(d_4^{15} 为 0.72～0.75)等沸程规格的石油醚。

石油醚中也含有少量不饱和的烃,其沸点与烷烃接近,用蒸馏法难以将它们分开,可用浓硫酸和高锰酸钾把它们除去。一般是将石油醚用其体积 1/10 的水洗涤两三次,再加 10% 硫酸和高锰酸钾配成的饱和溶液洗涤,直至水层中的紫色不再消失为止。然后用水洗涤,用无水氯化钙干燥、过滤、蒸馏。要制备绝对干燥的无水石油醚,应加入钠屑或钠丝处理,具体操作方法参见前述无水乙醚的制备方法。

11. N,N-二甲基甲酰胺(DMF)

N,N-二甲基甲酰胺的分子式为 $HCON(CH_3)_2$,沸点为 153 ℃,折光率 n_D^{20} 为 1.4282,相对密度 d_4^{20} 为 0.945。N,N-二甲基甲酰胺为无色液体,与多数有机溶剂和水混合。其化学和热稳定性好,对有机和无机化合物溶解性能较好。

N,N-二甲基甲酰胺一般含有少量的水分。在常压蒸馏时少数发生分解,产生一氧化碳和二甲胺。系统中存在酸或碱将使分解加快,所以在加入固体氢氧化钠或氢氧化钾于室温条件下放置数小时,也有部分分解。

纯化时最好用氧化钡、硫酸镁、硫酸钙、硅胶或分子筛干燥,然后用减压蒸馏收集 76 ℃/4.8 kPa(36 mmHg)的馏分。当其中含水较多时,可加入 1/10 体积的苯,在常压和低于 80 ℃ 的温度下蒸去苯和水,然后用氧化钡或硫酸镁干燥,再按上述方法进行减压蒸馏。

若 N,N-二甲基甲酰胺中有游离胺存在,可用 2,4-二硝基氟苯显色反应来检验。纯化后的 N,N-二甲基甲酰胺要避光储存。

12. 四氢呋喃

四氢呋喃的分子式为 C_4H_8O,沸点为 66 ℃,折光率 n_D^{20} 为 1.4050,相对密度 d_4^{20} 为 0.8892。

四氢呋喃是具有乙醚气味的无色透明液体,通常的四氢呋喃含有过氧化氢及少量水分。在处理四氢呋喃时应先进行少量实验,已确定只有少量过氧化氢和水分,作用不至于太猛烈时方可进行大量实验。

要制备无水四氢呋喃,通常在 1000 mL 四氢呋喃中加入 2～4 g 氢化锂铝,在隔绝潮气条件下回流以除去其中的过氧化氢和水分,然后在常压下蒸馏收集 66 ℃ 的馏分。精制后的液体应在氮气氛中保存。若要较久放置,须加 0.025% 2,6-二叔丁基-4-甲基苯酚作抗氧剂。

四氢呋喃中的过氧化氢可用酸化的碘化钾溶液来检验。如过氧化氢很多,应另行处理为宜。

13. 二甲亚砜

二甲亚砜的分子式为 $(CH_3)_2SO$,沸点为 189 ℃,折光率 n_D^{20} 为 1.4795,相对密度 d_4^{20} 为 1.100,熔点为 18.5 ℃。

二甲亚砜是无色、无臭、略带苦味的吸湿性液体。常压下在沸腾温度时会部分分解。市售试剂级二甲亚砜含水量大约为 1%,一般用减压蒸馏方法精制,然后用 4A 型分子筛干燥;也可用氧化钙粉末搅拌 4～8 h,用减压蒸馏方法收集 71～72 ℃/2800 Pa(21 mmHg)的馏分。蒸馏时温度应不高于 90 ℃,否则二甲亚砜会发生歧化反应,生成二甲砜和二甲硫醚。

二甲亚砜和某些物质(如氢化钠、高氯酸镁或高碘酸等)混合时可能发生爆炸,使用和储存时应特别注意。

14. 二氧六环

二氧六环的分子式为 $C_4H_8O_2$,沸点为 101.3 ℃,折光率 n_D^{20} 为 1.4229,相对密度 d_4^{20} 为 1.04。

二氧六环可与水以任意比例混合。市售的二氧六环中含有少量二乙醇、缩醛和水,久贮的二氧六环也可能含有过氧化物。

二氧六环的精制一般是加入 10%(质量分数)的浓盐酸回流 3 h,同时缓慢通入氮气以除去生成的乙醛,冷至室温,加入粒状氢氧化钾至不再溶解为止。然后分去水层,用粒状氢氧化钾干燥过夜,过滤,再加金属钠丝或钠屑加热回流数小时,蒸馏收集馏分,加金属钠丝密封保存。

15. 1,2-二氯乙烷

1,2-二氯乙烷的分子式为 $C_2H_4Cl_2$,沸点为 83.4 ℃,折光率 n_D^{20} 为 1.4448,相对密度 d_4^{20} 为 1.2531。

1,2-二氯乙烷为无色油状液体,有芳香气味。一份 1,2-二氯乙烷溶于 120 份水中;可与水形成恒沸点混合物,沸点为 72 ℃,其中含 1,2-二氯乙烷 81.5%。1,2-二氯乙烷与氯仿、乙醚、乙醇等溶剂互溶。在结晶和提取时它是很有用的极性溶剂,比常用的含氯有机溶剂的活泼性要强得多。

一般可用浓硫酸、水、稀碱液、水依次洗涤,然后用无水氯化钙干燥,蒸馏即可。也可用五氧化二磷($20\ g \cdot L^{-1}$)加热回流 2 h,常压蒸馏,收集 83~84 ℃馏分。

16. 饱和亚硫酸氢钠溶液

将 25 mL 不含醛的无水乙醇加入 100 mL 40%亚硫酸氢钠溶液中制成混合溶液。

混合后的溶液如有少量亚硫酸氢钠晶体析出,必须过滤以除去晶体,或倾滗上层溶液,此溶液不太稳定,容易被氧化或分解。因此,不能保存太久,一般实验前配制为宜,或现配现用。

17. 托伦试剂(又称吐伦试剂)

在干净试管中加入 20 mL 5%硝酸银溶液,加入一滴 10%氢氧化钠溶液,然后滴加 2%的氨水,直至沉淀刚好消失。

制备托伦试剂的有关化学反应式如下:

$$AgNO_3 + NaOH \longrightarrow AgOH + NaNO_3$$
$$2AgOH \longrightarrow Ag_2O + H_2O$$
$$Ag_2O + 4NH_3 + H_2O \longrightarrow 2[Ag(NH_3)_2]OH$$

注意事项如下:

(1) 制备托伦试剂时应防止加入过量的氨水,否则,将生成雷酸银(Ag—O—N≡C)。雷酸银受热后会引起爆炸,试剂本身也将失去活性;

(2) 托伦试剂长时间放置后会析出黑色的氮化银(Ag_3N)沉淀,它受振荡时分解,发生猛烈爆炸,有时潮湿的氮化银也能引起爆炸,因此托伦试剂也是现配现用,未用完的及时处理,以免发生意外。

18. 费林试剂(又称斐林试剂)

费林试剂 A:将 3.5 g 五水硫酸铜晶体溶解于 100 mL 水中,如溶液混浊要过滤。

费林试剂 B：将 17 g 酒石酸钾钠晶体溶解于 15～20 g 热水中，加入 20 mL 20％氢氧化钠溶液，稀释至 100 mL。

此两种溶液分开存放，使用时取等体积 A 和 B 混匀即可。

氢氧化铜不溶于水，不易与样品作用，有酒石酸钾钠时氢氧化铜沉淀溶解，形成深蓝色溶液。

19. 希夫试剂

希夫试剂制备方法有以下三种。

(1) 将 0.2 g 品红盐酸盐溶解于 100 mL 热水中，冷却后，加入 2 mL 浓盐酸和 2 g 亚硫酸氢钠，最后加蒸馏水稀释至 200 mL。

(2) 将 0.2 g 品红盐酸盐溶解于 100 mL 新制的已冷却的饱和二氧化硫溶液中，放置数小时，直至溶液呈浅黄色或无色，然后用蒸馏水稀释至 200 mL，储存于玻璃瓶中，塞紧瓶口，以防二氧化碳逸散。

(3) 将 0.5 g 品红盐酸盐溶解于 100 mL 热水中，冷却后通入二氧化硫至饱和状态且粉红色褪去，再加活性炭 0.5 g，振荡，过滤，然后用蒸馏水稀释至 500 mL。

品红溶液原系粉红色，被二氧化硫饱和后变成无色的希夫试剂。醛类与希夫试剂发生作用，反应液呈紫红色。

酮类通常不与希夫试剂发生作用，但有些酮类(如丙酮等)能与二氧化硫作用，所以它们与希夫试剂接触后能使试剂脱去亚硫酸，此时反应液就出现品红的粉红色。

20. 氯化锌-盐酸(卢卡斯试剂)

将 34 g 熔化过的无水氯化锌溶于 23 mL 浓盐酸中，并冷却以防氯化氢逸出，约得 35 mL 溶液，放置冷却，储存于玻璃瓶中，塞紧。

21. 氯化亚铜氨溶液

将 1 g 氯化亚铜加入 1～2 mL 浓氨水和 10 mL 水中，用力摇荡后，静置片刻，倾出溶液，并加入一块铜片或一段细铜丝，储存备用。

$$CuCl + 2NH_4OH \longrightarrow [Cu(NH_3)_2]Cl + 2H_2O$$

亚铜很容易被空气中的氧氧化成二价铜，此时试剂溶液呈蓝色，会掩盖乙炔亚铜的砖红色。为了便于观察现象，可在温热的试剂中滴加 20％盐酸羟胺溶液至蓝色褪去后，再通入乙炔，羟胺是一种强还原剂，可将铜离子还原成亚铜离子。

$$4Cu^{2+} + 2NH_2OH \longrightarrow 4Cu^+ + N_2O\uparrow + H_2O + 4H^+$$

1.4　有机实验室常用玻璃仪器及其使用方法

1.4.1　普通玻璃仪器

使用玻璃仪器时都应轻拿轻放，除试管等少数仪器外都不能直接用火加热。锥形瓶不耐压，不能作减压用。厚壁玻璃器皿(如抽滤瓶)不耐热，故不能加热。广口容器(如烧杯)不能储存有机溶剂。带活塞的玻璃器皿，用过洗涤后，应在活塞与磨口间垫上纸片，以防黏住。如已黏住，可将仪器置入超声波清洗器中超声处理，或用吹风机吹热风，也可用水煮后再轻敲塞子，使之松开。常用的普通玻璃仪器见图 1-1。

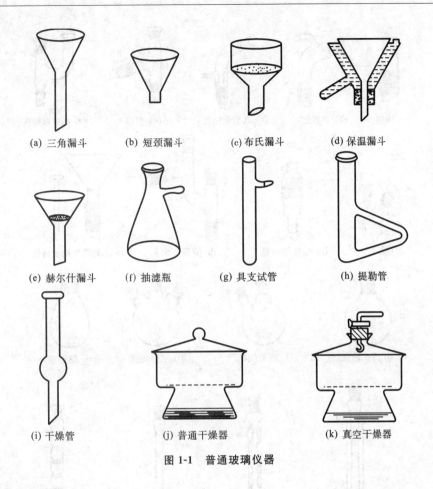

(a) 三角漏斗　　(b) 短颈漏斗　　(c) 布氏漏斗　　(d) 保温漏斗

(e) 赫尔什漏斗　　(f) 抽滤瓶　　(g) 具支试管　　(h) 提勒管

(i) 干燥管　　(j) 普通干燥器　　(k) 真空干燥器

图 1-1　普通玻璃仪器

1.4.2　磨口玻璃仪器

在有机化学实验中常要搭装各种仪器装置,这时使用标准磨口玻璃仪器就很方便,可以避免橡皮管遇溶剂溶解而软木塞易漏气的缺点,同时仪器安装简便、规范、气密性好。

标准磨口玻璃仪器一般可分多种组件套。标准磨口玻璃仪器的每个部件在其口塞上或下显著部位均具有烤印的白色标志,标明规格。表 1-1 是标准磨口玻璃仪器的编号与大端直径。

表 1-1　标准磨口玻璃仪器的编号与大端直径

编号	10	12	14	19	24	29	34	40
大端直径/mm	10	12.5	14.5	18.8	24	29.2	34.5	40

半微量仪器一般为 10 号和 14 号磨口,常量仪器磨口则在 19 号以上。磨口编号相同者可紧密相连,不同者可通过转换接头相连接,如 19/24 接头可将 24 号磨口和 19 号磨口连接起来。常用的一些标准磨口玻璃仪器见图 1-2。

另外,有些玻璃仪器有活塞,活塞的磨口一般是非标准磨口,如图 1-3 中的仪器。

1.4.3　玻璃仪器的清洗

在进行实验时,为了避免杂质混入反应物中,必须使用清洁的玻璃仪器。为了使清洗工作简便有效,应养成仪器用后立即洗净的习惯。仪器用后即清洗,污物黏附时间较短,易于去除,

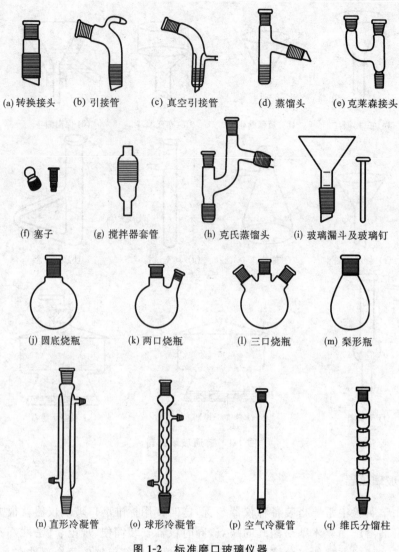

(a)转换接头　(b)引接管　(c)真空引接管　(d)蒸馏头　(e)克莱森接头

(f)塞子　(g)搅拌器套管　(h)克氏蒸馏头　(i)玻璃漏斗及玻璃钉

(j)圆底烧瓶　(k)两口烧瓶　(l)三口烧瓶　(m)梨形瓶

(n)直形冷凝管　(o)球形冷凝管　(p)空气冷凝管　(q)维氏分馏柱

图 1-2　标准磨口玻璃仪器

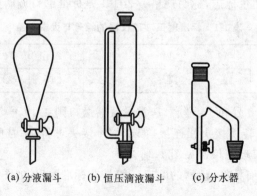

(a)分液漏斗　(b)恒压滴液漏斗　(c)分水器

图 1-3　具活塞的玻璃仪器

而且污物的性质在当时是清楚的,容易用合适的方法除去。

最简单而常用的清洗玻璃仪器的方法,是用长柄毛刷和洗衣粉刷洗器壁,直至玻璃表面的污物除去为止,然后用自来水清洗。有时在洗衣粉里掺入一些去污粉或硅藻土,增加摩擦力,洗涤的效果会更好。洗刷时,不能用秃顶的毛刷,也不能用力过猛,以免戳破仪器。有时洗衣粉的微粒会黏附在玻璃器皿壁上,不易被水冲走。此时可用 2‰盐酸荡洗一次,再用自来水清洗。当仪器倒置,器壁不挂水珠时,即已洗净,可供一般实验使用。若用于精制产品,或供有机分析用的仪器,则还要用蒸馏水荡洗,以除去自来水冲洗时带入的杂质。

用普通的刷洗方法去除不掉的残渣可选用其他方法去除。例如,碱性残渣可用稀盐酸或稀硫酸溶解去除,酸性残渣可用稀的氢氧化钠溶液除去,有些残渣可用适当的有机溶剂溶解去除。而一些焦油状物质和炭化残渣等,可用铬酸洗液进行洗涤。使用铬酸洗液时应注意:铬酸洗液为红棕色,长期使用后会变成绿色,此时即已失效;使用铬酸洗液前,应先将容器上的污物,特别是还原性物质尽量洗净,并除去水;铬酸洗液中含有浓硫酸,所以使用时要特别注意安全。反对盲目使用各种化学试剂和有机溶剂来清洗仪器。这样不仅造成浪费,而且可能带来危险。

1.4.4　玻璃仪器的干燥

有机化学实验常需要在无水的条件下进行,所以玻璃仪器在洗净后,还需要进行干燥处理。干燥玻璃仪器的方法有下列几种。

(1) 自然干燥:将洗净的仪器倒置或放在干燥架上自然晾干。这是常用且简单的方法。但必须注意:如玻璃仪器洗得不够干净,水珠不易流下,则干燥较为缓慢,干后留有污迹。晾干后的仪器可达到大多数反应的要求,但对于某些有机化学反应,要求绝对无水,则应进行烘干处理。

(2) 烘干:用烘箱干燥是通常采用的一种干燥方法。烘箱内的温度一般在 100～120 ℃,如启动鼓风可加快干燥速度。仪器放入烘箱前应尽量先把水倒净,仪器口向上放入烘箱内。带有磨口玻璃塞的仪器,必须取出活塞再烘干。当把已烘干的玻璃仪器拿出来时,最好先在烘箱内降至室温后再取出,切不可让很热的玻璃仪器沾上冷水,以免破裂。

(3) 吹干:仪器洗净后,尽量甩尽仪器内残留的水分,然后用气流干燥机或吹风机把仪器吹干。使用气流干燥机或吹风机,时间不能过长,否则可能烧坏电机。

(4) 有机溶剂干燥:体积小的容器需急用时可用有机溶剂干燥,即往仪器内注入少量乙醇,然后转动仪器让溶剂在内壁流动,全部润湿后倒出,同法再以丙酮洗涤一次,然后用吹风机吹干,即可达到快干的目的。使用后的溶剂应倒入回收瓶。

1.4.5　玻璃仪器的保养

有机化学实验的各种玻璃仪器性质是不同的,必须掌握它们的性能、保养和洗涤方法,才能正确使用,提高实验效果,避免不必要的损失。下面介绍几种常用的玻璃仪器的保养和清洗方法。

(1) 温度计:温度计水银球部位的玻璃很薄,容易打破,使用时要特别留心。不能将温度计当做搅拌棒使用,不能测定超过温度计的最高刻度的温度,也不能把温度计长时间放在高温的溶剂中,否则会使水银球变形,导致读数不准。

温度计用后要让它慢慢冷却,特别在测量高温之后,切不可立即用水冲洗,否则会使温度计水银球破裂或使水银柱断裂开。应悬挂在铁架上,待冷却后把它洗净抹干放回温度计盒内,盒底要垫上一小块棉花。如果是纸盒,放回温度计时要检查盒底是否完好。

（2）冷凝管：冷凝管通水后较重，所以装冷凝管时应将夹子夹紧在冷凝管重心位置，以免翻倒。如内、外管都是玻璃质的，则不适用于高温蒸馏。洗刷冷凝管时要用长毛刷，当用洗涤液或有机溶液洗涤时，用软木塞塞住一端。

（3）磨口玻璃仪器：磨口处必须洁净，若黏附固体物质，则磨口处会对接不严密，甚至损坏磨口。在清洗或保存时，不要使磨口受到碰撞而损伤，以免影响磨口部分的密封性。一般使用磨口时不必涂润滑剂，以免润滑剂污染反应物或产物。若反应中有强碱，则应涂抹凡士林作润滑剂，以免碱液腐蚀磨口而致粘连无法拆卸。减压蒸馏时，应涂真空脂。磨口仪器使用后应及时拆卸清洗，避免磨口部位间黏结。清洗干净后，将标准磨口仪器分开放置，而非标准磨口的仪器（如分液漏斗等），则不能拆开放置，应在磨口间垫衬一纸片，以防长时间放置后，磨口黏结不能开启。

1.5 有机化学实验常用的电器与设备

1. 电热套

电热套是实验室通用加热仪器之一，由无碱玻璃纤维与金属加热丝编制的半球形加热内套和控制电路组成，多用于玻璃容器的精确控温加热。它具有升温快、温度高、操作简便、经久耐用的特点，是做精确控温加热实验的最理想仪器（图1-4）。

图 1-4　电热套

2. 电动搅拌器

电动搅拌器在有机化学实验中通常用于非均相或生成固体产物的反应。电动搅拌器（图1-5）的主要组成部分有电动机、轴承座、机架、联轴器、搅拌轴、叶轮（转速760 r · min^{-1}以下，配减速装置，转速如需可调，还可使用变频电动机与变频器）。使用时应注意接上地线，不能超负荷。轴承每学期加一次润滑油，经常保持电动搅拌器清洁干燥，注意防潮、防腐蚀。

3. 磁力搅拌器

磁力搅拌器（平面加热型，图1-6）是用于混合液体的实验室仪器，主要用于搅拌或同时加热搅拌低黏稠度的液体或固液混合物。其基本原理是磁场的同性相斥、异性相吸，使用磁场推动放置在容器中带磁性的搅拌子（磁子）进行圆周运动，从而达到搅拌液体的目的。配合控温加热系统,可以根据具体的实验要求加热并控制温度,维持实验所需的温度条件,保证液体混合达到实验需求。使用时应注意接上地线,不能超负荷。使用时间不宜过长,不搅拌时不加热。保持清洁干燥,严禁让溶液流入机内,以免损坏机器。

图 1-5　电动搅拌器

图 1-6　磁力搅拌器

4. 集热式磁力搅拌器

集热式磁力搅拌器(图 1-7)采用集热式加热法,被加热容器完全处于强烈的热辐射之中,加热速度是平面加热型磁力搅拌器的 3 倍。温度均匀、效率高,更适应球形烧瓶进行加热反应。集热锅容量大,保温性能好,可以加水、加油。可用于水浴、油浴加热,达到一机多用。集热式磁力搅拌器是防疫、石油、冶金、化工、医疗等单位的化验室、实验室必备的理想的工具,大大提高了实验人员的工作效率。

使用时,接通电源,盛杯准备就绪,打开不锈钢容器盖,将盛杯放置在不锈钢容器中间,往不锈钢容器中加入导热油或硅油至恰当高度,将磁子放入盛杯溶液中。开启电源开关,指示灯亮,将调速电位器按顺时针方向旋转,搅拌转速由慢到快。调节到要求转速为止。要加热时,连接温度传感器探头,将探头夹在支架上,移动支架使温度传感器探头插入溶液中至少 5 cm,但不能影响搅拌。开启控温开关,设定所需温度,按控温仪上的"＋"、"－"按钮设置需恒定温度,表头显示数值为盛杯中实际温度,加热停止,自动恒温。集热式磁力搅拌器可长时间连续加热恒温。

注意事项:

(1) 不锈钢容器没有加入导热油及没有连接温度传感器时,千万不要开启控温开关,以免电热管及恒温表损坏。

图 1-7　集热式磁力搅拌器

(2) 搅拌时如发现磁子不同步跳动,或不运转,应切断电源,检查容器底面是否平整地置于集热锅中心处。

(3) 应保持仪器整洁,若长期不用,应切断电源。

(4) 为保障安全,防止电击伤人,使用时请将三孔安全插座接上地线。

5. 烘箱

电热鼓风干燥箱又名"烘箱",顾名思义,它是采用电加热方式进行鼓风循环干燥的设备。

烘箱的干燥方式分为鼓风干燥和真空干燥两种。鼓风干燥就是通过循环风机吹出热风,保证箱内温度平衡;真空干燥是采用真空泵将箱内的空气抽出,让箱内大气压低于常压,使产品在一个很干净的状态下进行实验(图 1-8)。烘箱一般分为镀锌钢板与不锈钢内胆的,指针的和数显的,自然对流的和鼓风循环的,常规烘箱和真空烘箱。烘箱是一种常用的设备,主要用来烘干玻璃仪器或者干燥样品,也可以提供实验所需的温度环境。切忌将挥发性、易燃易爆物品放入烘箱烘烤。橡皮塞、塑料制品不能放入烘箱烘烤。从烘箱中取样品时,一定要戴防护手套,以免烫伤。

6. 气流烘干器

气流烘干器(图 1-9)是实验室快速干燥玻璃仪器的设备。使用时将仪器洗干净后,甩掉多余的水分,然后将仪器套在烘干器上的多孔金属管上。使用时间不宜过长,以免烧坏电动机和电热丝。

图 1-8 真空烘箱

图 1-9 气流烘干器

7. 吹风机

吹风机(又称电吹风)是实验室快速干燥玻璃仪器的设备。吹风机手柄上的选择开关一般分为三挡,即关闭挡、冷风挡、热风挡,并附有颜色为白色、蓝色、红色的指示牌。有些吹风机的手柄上还装有电动机调速开关,供选择风量及热风温度时使用。使用吹风机时,必须保证其进出风口畅通无阻,否则不但达不到使用效果,还会造成过热而烧坏器具。

8. 电子天平

电子天平(图 1-10)是实验室用于称量物体质量的仪器。电子天平是用电磁力平衡被称物体重力的天平,一般采用应变式传感器、电容式传感器及电磁平衡式传感器,其特点是称量准确可靠、显示快速清晰,并且具有自动检测系统、简便的自动校准装置以及超载保护装置等。

(a)

(b)

图 1-10 电子天平

电子天平是一种比较精密的仪器,因此,使用时应注意维护和保养。具体事项如下:

(1) 将天平置于稳定的操作台上,避免震动、气流及阳光照射。

(2) 在使用前调整水平仪气泡至中间位置。

(3) 称量易挥发和具有腐蚀性的物品时,要盛放在密闭的容器中,以免腐蚀或损坏电子天平。

(4) 操作天平时不可过载使用,以免损坏天平。

(5) 天平内应放置干燥剂,常用变色硅胶,且应定期更换。

9. 循环水式真空泵

循环水式真空泵(图 1-11)是实验室常用的减压设备,一般用于对真空度要求不高的减压体系中。循环水式真空泵是以循环水作为工作流体,利用射流产生负压原理而设计的一种新型真空泵。它为化学实验室提供真空条件,并能向反应装置提供循环冷却水。循环水式真空泵广泛应用于蒸发、蒸馏、结晶、过滤、减压等实验操作中。使用时应经常补充、更换水泵中的水,以保持泵的清洁和真空度。

图 1-11　循环水式真空泵

10. 油泵

油泵(图 1-12)是实验室常用的减压设备,常用于对真空度要求较高的减压体系中。其效能取决于泵的结构及油的好坏(油的蒸气压越低越好),好的真空泵,真空度可达 1.33 Pa。油泵的结构越精密,对工作条件要求越高。为保障油泵正常工作,使用时要防止有机溶剂、水蒸气或酸性气体等被抽进泵内腐蚀泵体,污染泵油,增大蒸气压。使用时,为保护泵体,在整流系统和油泵之间安装合格冷阱、安全防护、污染防护和测压装置。使用完毕后,封好防护塔、测压和减压系统,置于干燥、无腐蚀的地方。

图 1-12　油泵

11. 旋转蒸发器

旋转蒸发器(图 1-13)是实验室广泛应用的一种蒸发仪器,主要由电动机、蒸馏瓶、加热锅、冷凝管等部分组成。它适用于回流操作、大量溶剂的快速蒸发、微量组分的浓缩和需要搅拌的反应过程等。旋转蒸发器系统可以密封减压至 $400 \sim 600$ mmHg(1 mmHg = 133.322 Pa);用热浴方式加热蒸馏瓶中的溶剂,加热温度可接近该溶剂的沸点;同时,还可进行旋转,速度为 $50 \sim 160$ r·min^{-1},使溶剂形成薄膜,增大蒸发面积。此外,在高效冷却器作用下,可将热蒸气迅速液化,加快蒸发速率。旋转蒸发器主要用于浓缩、结晶、干燥、分离及溶剂回收,特别适用于对高温下容易分解变性的生物制品的浓缩提纯。

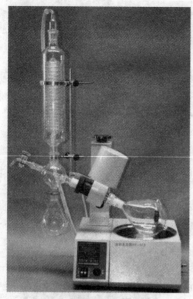

图 1-13 旋转蒸发器

（1）使用方法：

①高低调节：手动升降时，转动机柱上面的手轮，图1-13中旋转蒸发器示意图顺转为上升，逆转为下降；电动升降时，手触上升键主机上升，手触下降键主机下降。

②冷凝器上有两个外接头，是接冷却水用的，一头接进水，另一头接出水。一般接自来水，冷凝水温度越低，效果越好。上端口装抽真空接头，用于抽真空时接真空泵橡皮管。

③开机前先将调速旋钮逆旋到最小，按下电源开关，指示灯亮，然后慢慢顺旋至所需要的转速，一般大蒸馏瓶用中、低速，黏度大的溶液用较低转速。烧瓶口是 24 号标准接口，随机附 500 mL、1000 mL 两种型号烧瓶，溶液量一般以不超过 50% 为宜。

④使用时，应先减压，再开动电动机转动蒸馏瓶，结束时，应先停电动机，再通大气，以防蒸馏瓶在转动中脱落。

（2）仪器保养：

①使用前仔细检查仪器，确定玻璃瓶是否有破损，各接口是否吻合，注意轻拿轻放。

②用软布（可用餐巾纸替代）擦拭各接口，然后涂抹少许真空脂。真空脂用后一定要盖好，防止灰沙进入。

③各接口不可拧得太紧，要定期松动活络，避免长期紧锁导致连接器咬死。

④先开电源开关，然后让机器由慢到快运转；停机时要使机器处于停止状态，再关开关。

⑤各处的聚四氟乙烯开关不能过力拧紧，否则容易损坏玻璃。

⑥每次使用完毕，必须用软布擦净留在机器表面的油迹、污渍、溶剂，保持清洁。

⑦停机后拧松各聚四氟乙烯开关，长期保持在工作状态会使聚四氟乙烯活塞变形。

⑧定期对密封圈进行清洁，方法是取下密封圈，检查轴上是否积有污垢，用软布擦干净，然后涂少许真空脂，重新装上即可，保持轴与密封圈滑润。

⑨电气部分切不可进水，严禁受潮。

（3）注意事项：

①安装玻璃零件时应轻拿轻放，安装前应洗干净，擦干或烘干。

②各磨口、密封面、密封圈及接头，安装前都需要涂一层真空脂。

③加热槽通电前必须加水，不允许干烧。

④如真空抽不上来，需检查各接头、接口是否密封，密封圈、密封面是否有效，主轴与密封圈之间真空脂是否涂好，真空泵及其橡皮管是否漏气，玻璃件是否有裂缝等现象。

⑤关于真空度。

真空度是旋转蒸发器最重要的工艺参数，而用户经常会遇到真空度不够的问题。这常常和使用的溶剂性质有关。生化制药等行业常常用水、乙醇、乙酸、石油醚、氯仿等作溶剂，而一般真空泵不耐强有机溶剂，可选用耐强腐蚀特种真空泵。

检验仪器是否漏气的方法：弯折并夹紧外接真空橡皮管，切断气流，观察仪器上真空表能否保持 5 min 不漏气。如漏气，则应检查各密封接头和旋转轴上密封圈是否有效；反之，若仪器正常，就要检查真空泵和真空管道。

12. 钢瓶

钢瓶(图 1-14)用于储存高压氧气、煤气、石油液化气等。钢瓶一般盛装永久气体、液化气体或混合气体。钢瓶的工作压力一般在 15.0 MPa 左右。国家标准规定,钢瓶涂成各种颜色配以不同颜色气体字样以示区别。例如:氧气钢瓶为天蓝色、黑字;氮气钢瓶为黑色、黄字;压缩空气钢瓶为黑色、白字;氯气钢瓶为草绿色、白字;氢气钢瓶为深绿色、红字;氨气钢瓶为黄色、黑字;石油液化气钢瓶为灰色、红字;乙炔钢瓶为白色、红字等。

图 1-14　钢瓶

氧气钢瓶运输和储存期间不得暴晒,不能与易燃气体钢瓶混装、并放。瓶嘴、减压阀及焊枪上均不得有油污,否则,高压氧气喷出后会引起自燃!

(1) 使用方法:

①使用前要检查连接部位是否漏气,可涂上肥皂液进行检查,确认不漏气后才可进行实验。

②在确认减压阀处于关闭状态(T 形调节螺杆处于松开状态)后,逆时针打开钢瓶总阀,并观察高压表读数,然后逆时针打开减压阀左边的一个小开关,再顺时针慢慢转动减压阀调节螺杆(T 形调节螺杆),使其压缩主弹簧将阀门打开。使减压表上的压力处于所需压力,记录减压表上的压力数值。

③使用结束后,先顺时针关闭钢瓶总开关,再逆时针旋松减压阀。

(2) 注意事项:

①室内必须通风良好,保证空气中氢气含量不超过 1‰(体积分数)。室内换气次数每小时不得少于 3 次,局部通风每小时换气次数不得少于 7 次。

②氧气瓶与盛有易燃、易爆物质及氧化性气体的容器和气瓶的间距不应小于 8 m。

③与明火或普通电气设备的间距不应小于 10 m。

④与空调装置、空气压缩机和通风设备等吸风口的间距不应小于 20 m。

⑤与其他可燃性气体储存地点的间距不应小于 20 m。

⑥禁止敲击、碰撞,气瓶不得靠近热源,夏季应防止暴晒。

⑦氧气瓶必须使用专用的氧气减压阀,开启气瓶时,操作者应站在阀口的侧后方,动作要轻缓。

⑧阀门或减压阀泄漏时,不得继续使用;阀门损坏时,严禁在瓶内有压力的情况下更换阀门。

⑨瓶内气体严禁用尽,应保留 0.5 MPa 以上的余压。

13. 减压阀

减压阀(图 1-15)是将高压气体降为低压气体,并保持输出气体的压力和流量稳定不变的调节装置。由于气瓶内压力较高,而使用时所需的压力较小,因此需要用减压阀把储存在气瓶内的较高压力的气体降为低压气体,并应保证所需的工作压力自始至终保持稳定状态。减压阀可分为氧气减压阀、氮气减压阀、空气减压阀、氢气减压阀、氩气减压阀、乙炔减压阀、二氧化碳减压阀和含有防腐蚀性质的不锈钢减压阀等。需要注意的是氢气瓶和减压阀之间的连接是反"牙"的。

(a)氢气减压阀　　　　　　　(b)氧气减压阀

图 1-15　减压阀

使用减压阀时应按下述规则进行:

(1)氧气瓶放气或开启减压阀时动作必须缓慢。如果阀门开启速度过快,减压阀工作部分的气体因受绝热压缩而温度大大提高,这样有可能使由有机材料制成的零件(如橡胶填料、橡胶薄膜、纤维质衬垫)着火烧坏,并可使减压阀完全烧坏。另外,由于放气过快产生的静电火花以及减压阀上的油污等,也会引起着火燃烧,烧坏减压阀零件。

(2)安装减压阀前及开启气瓶阀时的注意事项:安装减压阀之前,要略打开气瓶阀,吹除污物,以防灰尘和水分带入减压阀。在开启气瓶阀时,气瓶阀出气口不得对准操作者或他人,以防高压气体突然冲出伤人。减压阀出气口与气体橡胶管接头处必须用退过火的铁丝或卡箍拧紧,防止送气后脱开发生危险。

(3)减压阀装卸及工作时的注意事项:装卸减压阀时,必须注意防止管接头丝扣滑牙,以免旋装不牢而射出。在工作过程中,必须注意观察工作压力表的压力数值。停止工作时,应先松开减压阀的调压螺钉,再关闭气瓶阀,并把减压阀内的气体慢慢放尽,这样,可以保护弹簧和减压阀门免受损坏。工作结束后,应从气瓶上取下减压阀,加以妥善保存。

(4)减压阀必须定期校修,压力表必须定期检验。这样做是为了确保调压的可靠性和压力表读数的准确性。在使用中如发现减压阀有漏气现象、压力表针动作不灵等,应及时维修。

(5)减压阀冻结的处理。在使用减压阀过程中如发现冻结,用热水或蒸汽解冻,绝不能用火焰或红铁烘烤。减压阀加热后,必须吹掉其中残留的水分。

(6)减压阀必须保持清洁。减压阀上不得沾染油脂、污物,如有油脂,必须擦拭干净后才能使用。

(7)各种气体的减压阀及压力表不得调换使用,如用于氧气的减压阀不能用于乙炔、石油气等系统中。

14. 高压反应釜

高压反应釜(图 1-16)是一种间歇操作的适用于在高温高压下进行化学反应的容器,在有机合成中常用于固体催化剂存在下进行的氢化反应及高分子合成中的聚合反应等。高压反应釜由反应容器、搅拌器及传动系统、冷却装置、安全装置、加热炉等组成。高压反应釜的容积规格一般为 0.25～5 L,设计压力一般为 0～35 MPa,使用温度一般为 450 ℃,搅拌转速一般为 0～1000 r・min^{-1}(无级调速)。

图 1-16 高压反应釜

使用实验室反应釜必须关闭冷媒进管阀门,放尽锅内和夹套内的剩余冷媒,再输入物料,开动搅拌器,然后开启蒸汽阀门和电热电源。到达所需温度后,应先关闭蒸汽阀门和电热电源,过 2～3 min 后,再关搅拌器。加工结束后,放尽锅内和夹套中剩余冷凝水后,应尽快用温水冲洗,刷掉黏糊着的物料,然后用 40～50 ℃碱水在容器内壁全面清洗,并用清水冲洗。特别是在锅内无物料(吸热介质)的情况下,不得开启蒸汽阀门和电热电源。特别注意,使用蒸汽压力不得超过定额工作压力。

保养实验室反应釜:要经常注意整台设备和减速器的工作情况。减速器润滑油不足时,应立即补充,电加热介质油每半年要进行更换,夹套和锅盖上等部位的安全阀、压力表、温度表、蒸馏孔、电热棒、电气仪表等,要定期检查,如果有故障,要及时调换或修理。设备不用时,一定要用温水将容器内外壁全面清洗,经常擦洗锅体,保持外表清洁和内胆光亮,达到耐用的目的。

1.6 有机合成反应的实施方法

1.6.1 有机合成反应常用的装置

在有机合成中,根据反应物、生成物及反应进行的难易程度,常选用不同的实验装置。大多数有机化学反应需要在反应的溶剂或液体反应物的沸点附近进行,同时反应时间又比较长,为了尽量减少溶剂及物料的蒸发逸散,确保产率并避免易燃、易爆或有毒气体逸漏事故,各种回流装置成为进行有成合成的基本装置。回流的过程是反应过程中产生的蒸气经过冷凝管时被冷凝流回到反应器中。这种连续不断地蒸发或沸腾汽化与冷凝流回的操作叫做回流。同类型的有机合成反应有相似或相同的反应装置,不同的有机合成反应往往有不同特点的反应装置。下面介绍有机合成中常用的以回流为核心的各种装置。

1. 回流冷凝装置

图 1-17 所示为几种常用的回流冷凝装置。图 1-17(a)是最简单的回流冷凝装置。将反应物放在圆底烧瓶中,在适当的热源或热浴中加热。直立的冷凝管中自下至上通入冷水,使夹套充满水,水流速度不必很快,只要能保持蒸气充分冷凝即可,回流的速率应控制在蒸气上升高度不超过冷凝管的 1/3 或蒸气上升不超过 2 个球为适宜。冷凝管选择的依据是反应混合物沸点的高低,一般高于 140 ℃时应选空气冷凝管,低于 140 ℃时应选用水冷凝管,水冷凝管一般选用球形冷凝管,需要回流时间很长或反应混合物沸点很低或其中有毒性很大的原料或溶剂时,可选用蛇形冷凝管以提高冷却回流的效率,反应烧瓶的选择应使反应混合物占烧瓶容量的 1/3～1/2。

如果反应物怕受潮,可以在冷凝管上端安装干燥管以防止空气进入,见图 1-17(b),干燥剂一般可选用无水氯化钙。应注意干燥剂不得装得太紧,以免因其堵塞不通气使整个装置成为封闭体系而造成事故。如果反应中会放出有害气体,可装配气体吸收装置,见图 1-17(c),吸收液可以根据放出气体的性质,选用酸或碱,在安装仪器时,应使整个装置与大气相通,以免发生倒吸现象。如果反应体系既有有害气体放出又怕水汽,可以用图 1-17(d)所示的装置。

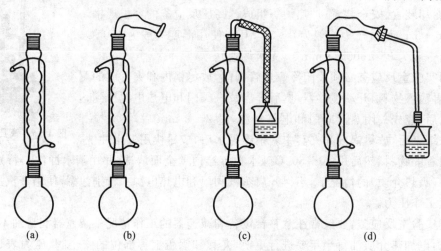

图 1-17　回流冷凝装置

2. 滴加回流冷凝装置

某些有机化学反应比较剧烈,放热量大,如果一次加料过多,会使反应难以控制;对于有些反应,为了控制反应的选择性,也需要缓慢均匀加料。此时,可以采用带滴液漏斗的滴加回流冷凝装置,即将一种试剂缓慢滴加至反应烧瓶中。几种形式的滴加回流冷凝装置见图 1-18。

3. 回流分水冷凝装置

进行一些可逆平衡反应时,为了使正向反应进行彻底,可将产物之一的水不断从反应混合体系中除去。此时,可以用图 1-19 所示的回流分水冷凝装置。

在该装置中,有一个分水器,回流下来的蒸气冷凝液进入分水器。分层以后,有机层自动流回到反应烧瓶,生成的水从分水器中放出去。这样就可以使某些生成水的可逆反应尽可能地进行彻底。

4. 回流分水分馏装置

某些有水生成的可逆反应,生成的水与反应物之一沸点相差较小(如 20~30 ℃),且两者能够互溶。此时如果要分出反应生成的水,可以选用图 1-20 所示的回流分水分馏装置。在该装置中有一个刺形分馏柱,上升的蒸气经分馏以后,低沸点组分从上口流出,高沸点组分流回反应烧瓶中继续反应。

5. 滴加蒸出反应装置

某些有机化学反应需要一边滴加反应物,一边将产物之一或水蒸出反应体系,防止产物再次发生反应,并破坏可逆反应平衡,使反应进行彻底。此时,可采用图 1-21 所示的滴加蒸出反应装置。

利用这种装置,反应产物可单独或形成共沸混合物不断从反应体系中蒸馏出去,并可通过恒压滴液漏斗将一种试剂逐渐滴加入反应烧瓶中,以控制反应速率或使这种试剂消耗完全。

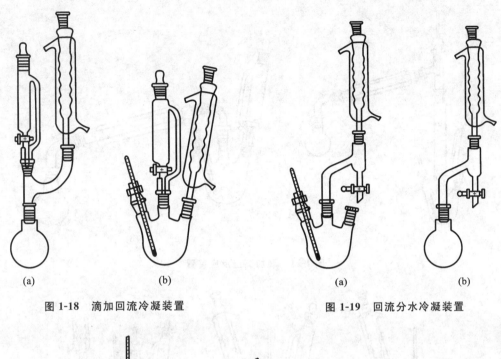

图 1-18 滴加回流冷凝装置   图 1-19 回流分水冷凝装置

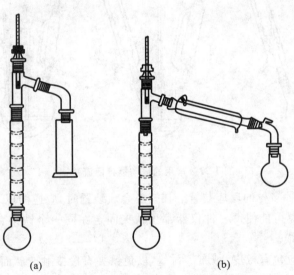

图 1-20 回流分水分馏装置

6. 电动搅拌回流装置

对于比较黏稠的反应体系,磁力搅拌往往不能满足搅拌的要求,可以采用电动搅拌方式。图 1-22 所示为常用的电动搅拌回流装置。如果只是要求搅拌、回流,可以用图 11-22(a)所示的装置,如果除要求搅拌回流外,还需要滴加试剂,可以用图 11-22(b)所示的装置。如果不仅要满足上述要求,而且还要经常测试反应温度,可以用图 1-22(c)所示的装置。目前,聚四氟乙烯壳体密封的磨口玻璃仪器密封件的使用已经相当普遍。因此,电动搅拌时搅拌棒与磨口玻璃仪器的连接已十分方便。

1.6.2 有机合成反应装置的装配原则

在有机合成中,同一标号的标准磨口仪器可以互相配置组装使用。这样,实验中可以较少

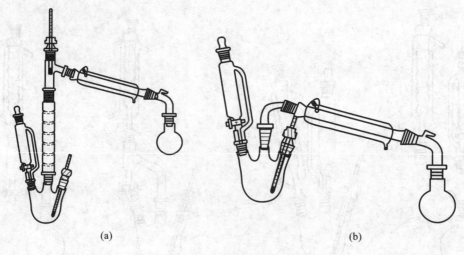

(a)   (b)

图 1-21　滴加蒸出反应装置

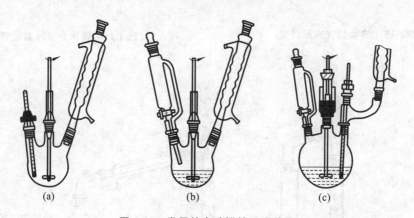

(a)   (b)   (c)

图 1-22　常用的电动搅拌回流装置

的玻璃仪器组装成多种多样的反应装置。在安装合成装置时,应遵循以下一些基本原则。

(1) 整套仪器应尽可能使每一件仪器都用铁夹固定在同一个铁架台上,以防止各种仪器因振动频率不同而破损。

(2) 铁夹的双钳应包有橡皮、绒布等衬垫,以免铁夹直接接触玻璃而将仪器夹坏。在用铁夹固定仪器时,既要保证磨口连接处严密不漏,又不要使上件仪器的重力全部压在下件仪器上,尽量做到各处不产生应力。铁夹固定仪器的部位,圆底烧瓶应靠近瓶口处,冷凝管则应夹在其中间部位。

(3) 铁架应正对实验台的外面,不要倾斜。否则重心不一致,容易造成装置不稳而倾倒。

(4) 装配仪器时,应首先确定烧瓶的位置,其高度以热源的高度为基准,用铁夹夹住圆底烧瓶垂直固定在铁架台上。然后将冷凝管下端正对烧瓶口用铁夹垂直固定于烧瓶上方,再稍稍放松铁夹,将冷凝管放下,用铁夹旋紧固定好冷凝管。冷凝管的下进水口和上出水口用合适的橡皮管连接并接冷凝水(初学者可以先将冷凝管进出水处套好橡皮管以后再装配仪器)。

(5) 组装仪器的正确顺序是先下后上,先左后右,先主件后次件。要求做到整齐、稳妥和端正。在使用电动搅拌时,更应做到搅拌棒在烧瓶中能够自由转动。

(6) 仪器装置的拆卸原则是先右后左,先上后下。按与装配仪器相反的顺序逐个拆除,注意在松开一个铁夹时,必须用手托住所夹的仪器。

1.6.3　加热技术

有机化学实验中常用的热源有酒精灯、煤气灯、电热套和封闭式电炉等。近年来,有机合成中也广泛使用了微波技术。微波也是一种很好的热源,其应用范围将会日益扩大。

在一般情况下,玻璃仪器不能用火焰直接加热。这是因为剧烈的温度变化和加热不均匀会造成玻璃仪器的损坏。同时,还有可能由于局部过热,造成有机化合物的部分分解。为了避免直接加热可能带来的弊端,实验室中常根据具体情况采用不同的间接加热方式。

1. 石棉网加热

利用酒精灯或煤气灯对玻璃仪器隔着石棉网加热,即为石棉网加热。这种加热方式方便、简单,在反应时间不是很长、加热温度不是很高且不容易燃烧的情况下常被采用。但是这种加热并不均匀。

2. 空气浴加热

空气浴加热是利用热空气间接进行加热。对于沸点在 80 ℃以上的液体均可以采用,实验中常用的有石棉网空气浴加热和电热套空气浴加热。

在用石棉网进行空气浴加热时,玻璃仪器离石棉网约 1 cm,使间隙因石棉网下的火焰而充满热空气。80～250 ℃进行的反应可以用这种加热方法。

电热套空气浴是比较好的空气浴方式。电热套中的电热丝是用玻璃纤维包裹着的,比较安全。

用电热套一般可以加热到 400 ℃。在使用电热套时,应当注意使烧瓶外壁和电热套内壁大约有 1 cm 的距离,这样有利于空气传热和防止局部过热。

3. 水浴加热

如果加热温度不超过 100 ℃,可以用温水浴或沸水浴加热。将反应烧瓶置于水浴锅中(也可用烧杯代替),使水浴液面稍高于反应烧瓶内的液面,通过酒精灯或煤气灯等热源对水浴锅加热,使水浴温度达到所需的温度范围。与空气浴加热相比,水浴加热比较均匀,温度容易控制,适合于较低沸点物质的回流加热。

如果加热温度稍高于 100 ℃,则可选用合适的无机盐类的饱和水溶液作为热浴介质。一些无机盐类饱和水溶液的沸点见表 1-2。

表 1-2　部分无机盐类饱和水溶液的沸点

盐类	饱和水溶液的沸点/℃	盐类	饱和水溶液的沸点/℃
NaCl	109	KNO_3	116
$MgSO_4$	108	$CaCl_2$	180

在使用水浴加热时,需要注意的是,由于水会不断蒸发,在操作过程中,应及时添加水。当用到金属钾或金属钠的操作时,绝不能在水浴上进行。现在有机化学实验室中经常使用电热恒温水浴锅,其加热和控温等均很方便,比较适合较长时间的加热和控温。

4. 油浴加热

加热温度在 100～250 ℃时可以用油浴加热。其优点是加热均匀。油浴加热时反应烧瓶内的温度一般要比油温低 20 ℃左右。

常用的油类有液体石蜡、各种植物油、甘油和有机硅油等。油浴所能够达到的最高温度取决于所用油的品种。一些油浴介质和所能够达到的温度见表 1-3。

表 1-3　常用油浴介质

油类	甘油	液体石蜡	植物油	有机硅油
可达到的温度/℃	约 150	约 220	约 220	约 300

油浴的缺点是温度升高时会有油烟冒出,油经使用后容易老化,油色发黑且有难闻的气味。现在经常用有机硅油,其热稳定性相当好,无一般油浴介质的缺点。

在用油浴加热时,油中应放温度计,以防止温度过高;同时应注意采取措施,不要让水溅入油中,否则加热时会产生泡沫或引起飞溅。避免直接用火加热油,否则稍有不慎,就会发生油浴燃烧。实验中,经常在油中放一根电热棒,电热棒通过电热丝与调压变压器相连,这样可以比较方便地控制油浴的温度。

1.6.4　冷却技术

许多有机化学反应是放热反应,随着反应的进行,温度将不断上升,使反应难以控制。必须进行适当的冷却,使反应温度控制在一定范围内。目前,利用深度冷却技术,还能使很多室温下不能进行的反应,如负离子的反应或一些金属有机化合物的反应都能顺利进行。在有机化合物的分离提纯(如重结晶等)中,也需要用到冷却技术。因此,冷却技术在有机化学实验中是非常重要的。

冷却技术可分为直接冷却和间接冷却两种。但在大多数情况下使用间接冷却,即通过玻璃器壁,向周围的冷却介质自然散热,达到降低温度的目的。

在实验中,根据不同的要求,可采取以下一些冷却技术。

1. 水冷却

水具有价廉、热容量大的优点,是一种最常用的冷却剂。各种回流反应中,通常都是用水作冷却剂的。但用水冷却只能将反应物冷却至室温。

2. 冰水混合物冷却

冰水混合物可将反应物冷却至 0~5 ℃,使用时将冰敲碎效果更好。

3. 冰盐混合物冷却

在碎冰中加入一定量的无机盐,可以获得更低的冷却温度。常用的冰盐冷却剂组成及冷却温度见表 1-4。

4. 干冰冷却

干冰(固体 CO_2)可获得 -60 ℃ 以下的低温。如果在干冰中加入适当的溶剂,还可以获得更低的冷却温度(见表 1-4)。

使用干冰时,必须在铁研缸中粉碎,操作时应戴护目镜和手套。在配制干冰冷却剂时,应将干冰加入工业乙醇(或其他溶剂)中,并进行搅拌。两者的用量并无严格规定,但干冰一般应当过量。

表 1-4　各种冷却剂的组成及可达到的最低温度

冷却剂组成	混合比(质量比)	温度/℃	备注
碎冰或冰水		5~0	
碎冰+NH_4Cl	4 : 1	-15	盐混合剂均在混合前冷却至 0 ℃
碎冰+$NaCl$	3 : 1	-20	实际操作为 -5~-18 ℃,需边加盐边搅拌

续表

冷却剂组成	混合比(质量比)	温度/℃	备注
碎冰+$CaCl_2 \cdot 6H_2O$	10:3	−11	
碎冰+$CaCl_2 \cdot 6H_2O$	10:8.2	−20	
碎冰+$CaCl_2 \cdot 6H_2O$	10:12.5	−40	实际可达−20~−40 ℃
碎冰+$CaCl_2 \cdot 6H_2O$	10:14.3	−55	
干冰+乙醇		−72	
干冰+异丙醇		−72	实际操作中,边加干冰边搅拌,随着干冰量
干冰+丙酮		−78	的增加,可以得到−25~−72 ℃的各个温度
干冰+乙醚		−78~−100	
液氮		−195	

5. 液氮冷却

用液氮作冷却剂可以获得−196 ℃的低温。为了保持冷却剂的效力,和干冰一样,液氮应盛放在保温瓶或其他隔热效果较好的容器中。

在冷却操作中,应当注意的是:不要使用超过所需范围的冷却剂,否则既增加成本,又影响反应速率。再者,当温度低于−38 ℃时,不能使用水银温度计。因为低于−38.87 ℃时,水银就会凝固。测量较低的温度时,常使用装有有机液体(如甲苯可达−90 ℃,正戊烷可达−130 ℃)的低温温度计。

1.6.5　搅拌技术

在非均相反应中,搅拌可以增大反应的接触面,缩短反应时间;在一边反应一边加料的实验中,搅拌可以防止反应物局部过浓、过热而引起的副反应。因此,搅拌是有机合成中常用的方法。

1. 手工搅拌或振荡

在反应物量少、反应时间短,而且不需要加热或者温度不太高的操作中,用手摇动反应烧瓶就可以达到充分混合的目的。也可以用两端烧光滑的玻璃棒沿着反应烧瓶的器壁均匀搅动,但必须避免玻璃棒碰撞器壁。

在反应过程中,回流冷凝装置往往需要作间隙的振荡。此时,可把固定烧瓶和冷凝管的铁夹暂时放松,一只手靠在铁夹上并扶住冷凝管,另一只手拿住瓶颈使烧瓶做圆周运动。每次振荡以后,应把玻璃仪器重新夹好。用这样的方式进行振荡时,一定要注意装置不能滑倒。有时候,也可以用振荡整个铁架台的方法,使烧瓶内的反应物充分混合。

2. 电动搅拌

对于反应时间比较长或非均相反应,或需要按一定速率比较长时间持续滴加反应料液时,可以采用电动搅拌。电动搅拌常用电动搅拌器,其装置基本由电动机、搅拌棒、搅拌头三部分组成。带有电动搅拌的各种回流反应装置见图 1-22,搅拌装置装好以后,应先用手指搓动搅拌棒试转,确信搅拌棒在转动时不触及烧瓶底和温度计以后,才可旋动调速旋钮,缓慢地由低转速向高转速旋转,直至所需转速。

3. 磁力搅拌

磁力搅拌是以电动机带动磁场旋转,并以磁场控制磁子旋转的。磁子是一根包裹着聚四氟乙烯外壳的铁棒,直接放在反应烧瓶中。一般磁力搅拌器都兼有加热、控温和调速功能。在反应物料较少、温度不是太高的情况下,磁力搅拌较之于电动搅拌,使用起来更为方便和安全。

在使用磁力搅拌时应该注意:①加热温度不能超过磁力搅拌器的最高使用温度;②若反应物料过于黏稠,或调速较快,会使磁子跳动而撞破烧瓶;③圆底烧瓶在磁力搅拌器上直接加热时,受热不够均匀。根据不同的温度要求,可以将圆底烧瓶置于水浴或油浴中,这样可以保证在反应过程中,圆底烧瓶受热均匀。有时候,也可以用磨口锥形瓶代替圆底烧瓶直接在磁力搅拌器上加热并搅拌。这样,既能保证受热均匀,还能使搅拌均匀。

1.6.6　干燥技术

干燥是指除去固体、液体和气体内少量水分(也包括除去有机溶剂)。有机化学实验中,干燥是既普遍又重要的基本操作之一。例如,样品的干燥与否会直接影响到熔点、沸点测定的准确性;有些有机化学反应,要求原料和产品"绝对"无水,为防止在空气中吸潮,在与空气相通的地方,还必须安装各种干燥管。因此,对干燥操作必须严格要求,认真对待。

干燥方法一般可分为物理法和化学法。

物理法有吸附、分馏及共沸蒸馏等。此外,离子交换树脂和分子筛也常用于脱水干燥。离子交换树脂是一种不溶于水、酸、碱和有机物的高分子聚合物。分子筛是多水硅酸盐晶体。它们的内部都有许多空隙或孔穴,可以吸附水分子。加热后,又释放出水分子,故可以反复使用。

化学法是用干燥剂去水。按其去水作用可分为两类:第一类与水可逆地结合生成水合物,如无水氯化钙、无水硫酸镁等;第二类与水不可逆地生成新的化合物,如金属钠、五氧化二磷等。实验中应用较广的是第一类干燥剂。

1. 液体化合物的干燥

(1) 利用分馏或生成共沸化合物去水:对于不与水生成共沸化合物的液体有机物,若其沸点与水相差较大,可用精密分馏柱分开。还可利用某些化合物与水可形成共沸化合物的特性,向待干燥的有机物中加入另一有机物,利用该有机物与水形成的共沸化合物的共沸点低于待干燥有机物沸点的性质,在蒸馏时将水逐渐带出,从而达到干燥的目的。

(2) 使用干燥剂去水。

①干燥剂的选择:选择干燥剂时,除了考虑其干燥效能外,还应注意以下几点,否则,将失去干燥的意义。

a. 不能与被干燥的有机物发生任何化学反应或催化作用。

b. 不溶于该有机物中。

c. 干燥速度快,吸水量大,价格低廉。

②干燥剂的效能:干燥剂的效能是指达到平衡时液体被干燥的程度。对于形成水合物的无机盐类干燥剂,常用吸水后结晶水的蒸气压来表示。例如,硫酸钠形成 10 个结晶水的化合物,其吸水容量(单位质量干燥剂所吸的水量)达 1.25;氯化钙最多形成 6 个结晶水的化合物,其吸水容量达 0.97。在 25 ℃时,二者水蒸气压分别为 253.27 Pa 及 39.99 Pa。因此,虽然硫酸钠的吸水容量较大,但干燥效能弱;氯化钙则反之。所以在干燥含水量较多而又不易干燥的化合物时,常先用吸水量较大的干燥剂除去大部分水,然后再用干燥效能强的干燥剂进行干燥。一些有机溶剂常用的干燥剂见表 1-5。

表 1-5　各类有机物常用的干燥剂

化合物类型	干燥剂	化合物类型	干燥剂
烃	$CaCl_2$、Na、P_2O_5	酮	K_2CO_3、$CaCl_2$、$MgSO_4$、Na_2SO_4
卤代烃	$MgSO_4$、Na_2SO_4、$CaCl_2$、P_2O_5	酸、酚	$MgSO_4$、Na_2SO_4
醇	K_2CO_3、$MgSO_4$、Na_2SO_4、CaO	酯	$MgSO_4$、Na_2SO_4、K_2CO_3
醚	$CaCl_2$、Na、P_2O_5	胺	KOH、$NaOH$、K_2CO_3、CaO
醛	$MgSO_4$、Na_2SO_4	硝基化合物	$CaCl_2$、$MgSO_4$、Na_2SO_4

③干燥剂的用量：可根据干燥剂的吸水量、液体有机物的分子结构以及水在其中的溶解度来估计干燥剂的用量。一般对于含亲水基团的化合物（如醇、醚、胺等），干燥剂的用量要过量多些，而不含亲水基团的化合物要尽量少些。由于各种因素的影响，很难规定具体的用量。大体上说，每 10 mL 液体需 0.5～1 g 干燥剂。

在干燥前，要尽量分净待干燥液体中的水，不应有任何可见水层及悬浮水珠。将液体置于锥形瓶中，加入干燥剂（其颗粒大小应适宜。太大，吸水缓慢；过小，吸附有机物较多，且难以分离），塞紧瓶口，振荡片刻，静置观察。若发现干燥剂黏结于瓶壁，应补加干燥剂。然后放置 0.5 h 以上，最好过夜。有时干燥前液体显混浊，干燥后可变为澄清，这并不一定说明液体已完全不含水分，澄清与否和水在该化合物中的溶解度有关。然后将已干燥的液体用滤纸过滤入蒸馏瓶中进行蒸馏。

使用干燥剂时应注意，温度对干燥剂效能影响较大。温度越高，水蒸气压越大，干燥效能越弱。反之，温度越低，干燥效能越强。因此，蒸馏干燥液时，应先把干燥剂滤除干净，否则影响干燥效果。常用干燥剂的效能与应用范围见表 1-6。

表 1-6　常用干燥剂的效能与应用范围

干燥剂	吸水作用	吸水容量	干燥效能	干燥速度	应用范围
氯化钙	形成 $CaCl_2 \cdot nH_2O$ $n=1,2,4,6$	0.97 （按 $n=6$ 计）	中等	较快	常用作气体和液体的干燥剂，但不能用于醇、酚、胺、酰胺及某些醛、酮的干燥
硫酸镁	形成 $MgSO_4 \cdot nH_2O$ $n=1,2,4,5,6,7$	1.05 （按 $n=7$ 计）	较弱	较快	干燥酯、醛、酮、腈、酰胺等
硫酸钠	$Na_2SO_4 \cdot 10H_2O$	1.25	弱	缓慢	一般用于有机液体的初步干燥
硫酸钙	$CaSO_4 \cdot H_2O$	0.06	强	快	作最后干燥之用（与硫酸镁配合）
氢氧化钾 （钠）	溶于水		中等	快	用于干燥胺、杂环等碱性化合物
金属钠	$Na+H_2O \longrightarrow$ $NaOH+1/2H_2$		强	快	只用于干燥醚、烃类中少量水分

干燥剂	吸水作用	吸水容量	干燥效能	干燥速度	应用范围
氧化钙	$CaO + H_2O \longrightarrow$ $Ca(OH)_2$		强	较快	用于干燥低级醇类
五氧化二磷	$P_2O_5 + 3H_2O \longrightarrow$ $2H_3PO_4$		强	快	用于干燥醚、烃、卤代烃、腈
分子筛	物理吸附	0.25	强	快	用于干燥各类有机物

2. 固体有机化合物的干燥

固体有机化合物的干燥主要是指除去残留在固体中的少量低沸点有机溶剂。

(1) 干燥方法。

①自然干燥:适用于干燥在空气中稳定、不分解、不吸潮的固体。干燥时,把待干燥的物质放在干燥、洁净的表面皿或其他敞口容器中,薄薄摊开,任其在空气中通风晾干。这是最简便、最经济的方法。

②加热干燥:适用于熔点较高且遇热不分解的固体。把待干燥的固体放在表面皿或蒸发皿中,用恒温箱或红外灯烘干。注意加热温度必须低于有机化合物的熔点。

③干燥器干燥:凡易吸潮分解或升华的物质,最好放在干燥器内干燥。干燥器中常用的干燥剂见表1-7。

表1-7 干燥器中常用的干燥剂

干燥剂	吸去的溶剂或其他杂质
CaO	水、蜡酸、氯化氢
$CaCl_2$	水、醇
NaOH	水、蜡酸、氯化氢、酚、醇
H_2SO_4 *	水、蜡酸、醇
P_2O_5	水、醇
石蜡片	醇、醚、石油醚、苯、甲苯、氯仿、四氯化碳
硅胶	水

* 真空干燥器中不宜用浓硫酸,普通干燥器用浓硫酸(相对密度1.84),每1000 mL硫酸加18 g硫酸钡。当硫酸浓度下降至93%时,即有针状结晶($BaSO_4 \cdot 2H_2SO_4 \cdot H_2O$)析出,再降至84%,结晶变得很细,此时应更换。

(2) 干燥器的类型。

①普通干燥器:因其干燥效率不高且需要时间较长,一般用于保存易吸潮的药品。

②真空干燥器:它的干燥效率比普通干燥器的高。使用时,注意真空度不宜过高。一般以水泵抽至盖子推不动即可。启盖前,必须首先缓缓放入空气,然后启盖,防止气流冲散样品。

③真空恒温干燥器:干燥效率高,特别适用于除去结晶水或结晶醇。此法仅适用于少量样品的干燥。

3. 气体的干燥

气体的干燥主要用吸附法。

（1）用吸附剂吸水：吸附剂是指对水有较大亲和力，但不与水形成化合物，且加热后可重新使用的物质，如氧化铝、硅胶等。前者吸水量可达其质量的 $15\%\sim25\%$，后者可达其质量的 $20\%\sim30\%$。

（2）用干燥剂吸水：装干燥剂的仪器一般有干燥管、干燥塔、U 形管及各种形式的洗气瓶。前三者装固体干燥剂，后者装液体干燥剂。根据待干燥气体的性质、潮湿程度、反应条件及干燥剂的用量可选择不同仪器。一般气体干燥时所用的干燥剂见表 1-8。

表 1-8　干燥气体时所用的干燥剂

干燥剂	可干燥的气体
CaO、$NaOH$、KOH、碱石灰	NH_3 类
无水 $CaCl_2$	H_2、HCl、CO_2、SO_2、N_2、O_2、低级烷烃、醚、烯烃、卤代烃
P_2O_5	H_2、O_2、CO_2、SO_2、N_2、烷烃、乙烯
浓 H_2SO_4	H_2、N_2、CO_2、Cl_2、HCl
$CaBr_2$、$ZnBr_2$	HBr

为使干燥效果更好，应注意以下几点：

①用无水氯化钙、生石灰干燥气体时，均应用颗粒状而不用粉末状，以防吸潮后结块堵塞。

②用气体洗气瓶时，应注意进出管口不能接错。并调好气体流速，不宜过快。

③干燥完毕，应立即关闭各通路，以防吸潮。

1.7　实验预习与实验报告

1.7.1　实验预习

有机化学实验课是一门综合性的、理论联系实际的课程，也是培养学生独立工作的重要环节，因此，要达到实验的预期效果，必须在实验前认真地预习好有关实验内容，做好实验前的准备工作。

实验前的预习，归结起来就是"看、查、写"。

（1）看：仔细地阅读与本次实验有关的全部内容，不能有丝毫的粗心和遗漏。

（2）查：通过查阅手册和有关资料来了解实验中要用到的或可能出现的化合物的性能和物理常数。

（3）写：在看和查的基础上认真写好预习笔记。每个学生都应准备一本实验预习的笔记本。

预习内容如下：

（1）实验目的和要求，实验原理和反应式，需用的仪器和装置的名称及性能，溶液的浓度和配制方法，主要试剂和产物的物理常数，主要试剂的用量及规格（g，mL，mol）等。

（2）阅读实验内容后，根据实验内容用自己的语言正确写出简明的实验步骤（不能照抄，关键之处应注明。步骤中的文字可用符号简化，例如，化合物只写分子式，克用"g"，毫升用"mL"，加热用"△"，沉淀用"↓"；仪器用示意图代之。这样，在实验前就已形成一个工作提纲，实验时按此提纲进行即可。

(3) 合成实验还应列出产品的制备及纯化过程,如图 1-23 所示。

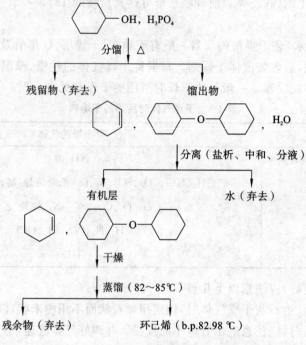

图 1-23　环己烯的制备与粗产物纯化过程

(4) 对于将要做的实验中可能出现的问题(包括安全和实验结果),要写出防范措施和解决方法。

1.7.2　实验记录

实验时应认真操作,仔细观察,积极思考,并且应及时地将观察到的实验现象及测得的各种数据如实地记录在笔记本上。记录必须做到简明、扼要、字迹整洁。实验完毕后,将实验记录交教师审阅。

1.7.3　实验报告

实验报告是总结实验进行的情况、分析实验中出现的问题、整理归纳实验结果必不可少的基本环节,是把直接的感性认识提高到理性思维阶段的必要步骤,因此,必须认真写好实验报告。实验报告的内容如下。

1. 性质实验报告

性质实验报告内容包括实验名称、实验目的、实验原理、药品和仪器、实验记录、讨论等。

2. 合成实验报告

合成实验报告内容包括实验名称、实验目的、实验原理(反应式)、主要试剂及产物的物理常数、主要试剂与仪器的规格与用量、反应装置图、实验步骤和现象、产率计算、问题讨论等。要如实记录填写实验报告,文字精练,图要准确,讨论要认真。关于实验操作的描述,不应照抄书上的实验步骤,应该对所做的实验内容进行简要的描述。

附　有机化学实验报告示例

实验××　正溴丁烷的制备

一、实验目的

(1) 了解由醇制备溴代烷的原理和方法。

(2) 初步掌握回流装置、气体吸收装置以及分液漏斗的使用操作。

二、实验原理

主反应：

$$NaBr + H_2SO_4 \longrightarrow HBr + NaHSO_4$$

$$CH_3CH_2CH_2CH_2OH + HBr \xrightarrow{H_2SO_4} CH_3CH_2CH_2CH_2Br + H_2O$$

副反应：

$$CH_3CH_2CH_2CH_2OH \xrightarrow{H_2SO_4} CH_3CH_2CH = CH_2 + H_2O$$

$$2CH_3CH_2CH_2CH_2OH \xrightarrow{H_2SO_4} (CH_3CH_2CH_2CH_2)_2O + H_2O$$

$$2NaBr + 3H_2SO_4 \longrightarrow Br_2 + SO_2\uparrow + 2H_2O + 2NaHSO_4$$

三、主要物料和产品的物理常数

名称	相对分子质量	性状	折光率	相对密度 d_4^{20}	熔点/℃	沸点/℃	溶解度/[g·(100 mL)$^{-1}$]		
							水	醚	醇
正丁醇	74.12	无色透明液体	1.39931	0.80978	−89.9	117.71	7.920	∞	∞
正溴丁烷	137.03	无色透明液体	1.4398	1.299	−112.4	101.6	不溶	∞	∞

四、主要仪器的名称、规格

圆底烧瓶	50 mL、100 mL	锥形瓶	50 mL
蒸馏烧瓶	25 mL	直形冷凝管	20 cm
分液漏斗	125 mL	球形冷凝管	20 cm

五、主要试剂的名称、规格及用量

正丁醇　　　实验试剂，15 g(18.5 mL，0.20 mol)

浓硫酸　　　工业品，53.40 g(29 mL，0.54 mol)

溴化钠　　　实验试剂，25 g(0.24 mol)

乙醇　　　　95％，7.6 g(10 mL，0.163 mol)

六、实验装置

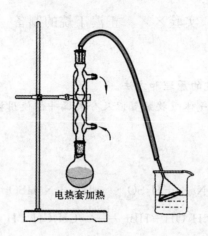

电热套加热

七、实验步骤及实验现象

实验步骤	实验现象
(1) 按图连接好实验装置	
(2) 在 100 mL 圆底烧瓶中加 20 mL 水、29 mL 浓硫酸,振摇冷却	过程放热,烧瓶烫手
(3) 加 18.5 mL 正丁醇和 25 g 溴化钠,振摇并加 2～3 粒沸石	溶液不分层,有许多溴化钠未溶。瓶中出现白雾
(4) 固定好烧瓶,开启电源,缓慢升温,至沸腾时控制微沸 1 h	随着温度上升,白雾增多,并上升至冷凝管,为气体吸收装置所吸收。瓶中溶液由一层分为三层,上层开始很薄,中层为橙黄色。随着时间的延长,上层越来越厚,中层越来越薄,最后消失。上层颜色由淡黄色变成橙黄色
(5) 稍冷,改成蒸馏装置,加 2～3 粒沸石,蒸出正溴丁烷	蒸出液混浊,分层。瓶中上层液越来越少,最后消失。上层液消失后片刻停止蒸馏。蒸馏瓶冷却析出无色透明晶体(NaHSO₄)
(6) 初产品用 15 mL 水洗。在干燥分液漏斗中用 ①10 mL H₂SO₄ 洗; ②15 mL 水洗; ③15 mL 饱和 NaHCO₃ 溶液洗; ④ 15 mL 水洗	产品在下层 加一滴浓硫酸沉至下层,证明产品在上层 两层交界处有絮状物
(7) 粗产品置于 50 mL 锥形瓶中,加 2 g 无水氯化钙干燥	粗产品开始有些混浊,轻摇后透明
(8) 粗产品滤入 50 mL 圆底烧瓶中,加数粒沸石蒸馏,收集 99～103 ℃馏分	99 ℃以前流出液很少,长时间稳定在 101～102 ℃。后升至 103 ℃,温度下降,瓶中液体很少,停止蒸馏
产品外观,质量	无色液体,瓶重 15.5 g,总重 33.5 g,产品重 18 g

八、产率计算

由于其他试剂均过量,理论产量应按正丁醇量计算。0.2 mL 正丁醇能产 0.2 mL 正溴丁烷,其质量为 0.2×137.03 g$=27.4$ g。

$$产率 = \frac{实际产量}{理论产量} \times 100\%$$

$$产率 = \frac{18}{27.4} \times 100\% = 66\%$$

九、产品制备、提纯工艺流程

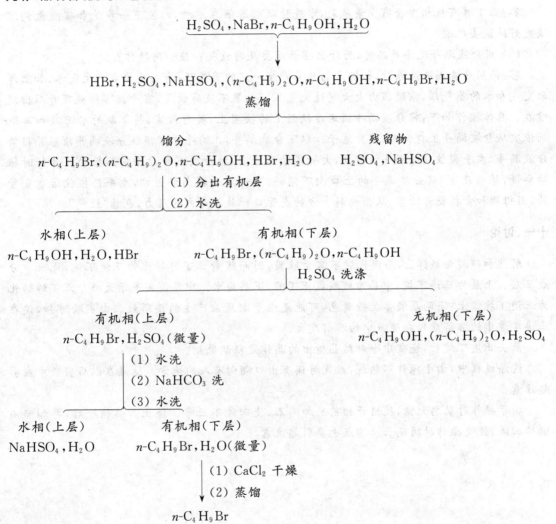

$$\underline{H_2SO_4, NaBr, n\text{-}C_4H_9OH, H_2O}$$

↓

$$HBr, H_2SO_4, NaHSO_4, (n\text{-}C_4H_9)_2O, n\text{-}C_4H_9OH, n\text{-}C_4H_9Br, H_2O$$

蒸馏

馏分　　　　　　　　　　　　　　　　残留物

$n\text{-}C_4H_9Br, (n\text{-}C_4H_9)_2O, n\text{-}C_4H_9OH, HBr, H_2O$　　　$H_2SO_4, NaHSO_4$

(1) 分出有机层
(2) 水洗

水相(上层)　　　　　　　　　　　有机相(下层)

$n\text{-}C_4H_9OH, H_2O, HBr$　　　$n\text{-}C_4H_9Br, (n\text{-}C_4H_9)_2O, n\text{-}C_4H_9OH$

H_2SO_4 洗涤

有机相(上层)　　　　　　　　　　　　　　　无机相(下层)

$n\text{-}C_4H_9Br, H_2SO_4$(微量)　　　　$n\text{-}C_4H_9OH, (n\text{-}C_4H_9)_2O, H_2SO_4$

(1) 水洗
(2) NaHCO$_3$ 洗
(3) 水洗

水相(上层)　　　　有机相(下层)

$NaHSO_4, H_2O$　　　$n\text{-}C_4H_9Br, H_2O$(微量)

(1) CaCl$_2$ 干燥
(2) 蒸馏

$n\text{-}C_4H_9Br$

十、问答题

(1) 本实验中硫酸的作用是什么?硫酸的用量和浓度过大或过小有什么不好?

答:本实验中用硫酸作催化剂。硫酸的用量应过量,且应为浓硫酸,因为浓硫酸具有吸水性,可以吸收系统反应生成的水。浓硫酸还有强氧化性,太浓会使正丁醇炭化,Br$^-$ 氧化成 Br$_2$,太稀则起不到吸水作用。

（2）反应的粗产品含有哪些杂质？各步洗涤的目的何在？

答：反应的粗产品中含有正丁醇、硫酸、溴化氢、硫酸氢钠、水和丁醚。第一次用水洗是为了除去正丁醇和氢溴酸。用硫酸洗涤的目的是除去丁醇和丁醚。用饱和碳酸氢钠溶液洗涤可以除去系统中微量硫酸，再用水洗是为了除去过量的碳酸盐等。

（3）用分液漏斗洗涤产物时，正溴丁烷时而在上层，时而在下层，如不知道产物的密度，可用什么方便的方法加以判别？

答：正溴丁烷溶解在有机相。加一滴水在分层溶液中，上层与水互溶，说明有机相在下层，反之，则有机相在上层。

（4）为什么用饱和碳酸氢钠溶液洗涤前要先用水洗涤一次？

答：正丁醇有机相中含有少量硫酸，水洗使硫酸溶解在水相，以便下一步饱和碳酸氢钠溶液更好地洗去硫酸。

（5）用分液漏斗洗涤产品时，为什么摇动后要及时放气？应如何操作？

答：使用分液漏斗洗涤时，低沸点物质易产生一定的蒸气压，有些反应会产生气体，加上原来空气和水的蒸气压，系统压力大大超过大气压。如果不及时放气，塞子就可能被顶开而出现喷液。具体操作如下：将分液漏斗固定在铁架上的铁圈上，关好活塞，将萃取的水溶液和萃取剂依次从分液漏斗上口倒入，塞紧塞子。取下分液漏斗，用右手手掌顶住分液漏斗顶塞并握紧分液漏斗，左手握住分液漏斗活塞处，大拇指紧压活塞，把分液漏斗放平前后振动。开始时振动要慢，振动几下，将分液漏斗的上口向下倾斜，下部支管指向斜上方，左手仍握住活塞支管处，用拇指和食指旋开活塞，从指向斜上方的支管口释放漏斗内的压力，也称"放气"。

十一、讨论

醇能和硫酸形成锌盐，而溴代烷不溶于硫酸，因而随着正丁醇转化为正溴丁烷，烧瓶中分成三层。上层为正溴丁烷，中层为硫酸氢正丁酯，下层为水。中层消失表示大部分正丁醇转化为正溴丁烷。上、下两层液体呈橙黄色，可能是由于副反应产生的溴所致。由实验可知，溴在正溴丁烷中的溶解度较在硫酸中的溶解度大。

蒸去正溴丁烷后，烧瓶中冷却结晶析出的晶体是硫酸氢钠。

洗涤过程中，由于操作不熟练，放气时偶有出口朝向有人的地方。这点在以后实验中应引起注意。

由于操作时疏忽大意，反应开始前忘加沸石，使回流不正常。停止加热稍冷后，再加沸石继续回流，致使操作时间延长。这点也要引起注意。

第 2 章　基本操作实验

有机物分离和提纯的一般原则是：根据混合物中各成分的化学性质和物理性质的差异进行化学处理和物理处理，以达到分离和提纯的目的，其中化学处理往往是为物理处理作准备，最后均要用物理方法进行分离和提纯。具体方法见表 2-1。

表 2-1　有机物分离和提纯的一般方法

分离、提纯的方法	目　的	主要仪器	实　例
分液	分离、提纯互不相溶的液体混合物	分液漏斗	分离硝基苯与水
蒸馏	分离、提纯沸点相差较大的混合溶液	蒸馏烧瓶、冷凝管、接收器	分离乙醛与乙醇
洗气	分离、提纯气体混合物	洗气装置	除去甲烷中的乙烯
过滤	分离不溶性的固体和液体	过滤器	分离硬脂酸与氯化钠
渗析	除去胶体中的小分子、离子	半透膜、烧杯	除去淀粉中的氯化钠、葡萄糖
盐析	胶体的分离	烧杯、分液漏斗	分离硬脂酸钠和甘油

实验一　萃　取

一、实验目的

（1）熟练掌握分液漏斗的使用方法。

（2）了解液-液萃取、液-固萃取的基本原理。

二、实验原理

萃取和洗涤是利用物质在不同溶剂中的溶解度不同来进行分离的操作。萃取和洗涤在原理上是一样的，只是目的不同。从混合物中抽取的物质，如果是我们所需要的，这种操作叫做萃取或提取；如果是我们所不需要的，这种操作叫做洗涤。这里简单地统称为萃取。萃取可分为液-液萃取和液-固萃取。

1. 液-液萃取

分配定律是液-液萃取方法的主要理论依据。物质在不同溶剂中的溶解能力不同，如向互不相溶的两溶剂 A 和 B 共存的体系中，加入某物质（该物质在两种溶剂中均不发生分解、解离、缔合等，且在两溶剂中有一定的溶解度），实验证明，在一定温度下，该物质在两溶剂中的浓度比是一个定值，而与两溶剂的体积比及溶质的多少无关，即

$$c_A/c_B = K$$

式中:K 为分配系数。

一般来说,有机化合物在有机溶剂中的溶解度比在水中的大,常可用有机溶剂提取溶解于水中的有机物。根据分配原理,在萃取过程中,将一定量的溶剂分多次萃取,其效果要比一次萃取为好,这就是常说的"少量多次"原则。不过若萃取次数大于 5,萃取效果提高甚微,一般 3 次就能达到良好的萃取效果。

2. 液-固萃取

液-固萃取是利用固体物质在溶剂中的溶解度不同而达到提取分离的效果,选择适当的溶剂在常温下或在加热条件下将需要的物质溶入液相而将杂质留在固相。若提取物对某溶剂的溶解度大,可采用浸提法;若溶解度小,可用加热提取法。

浸提法就是把固体混合物先行研细,加入适当的溶剂,用力振荡,然后用过滤或倾滗的方法把萃取液和残留的固体分开。若被提取的物质特别容易溶解,也可以把固体混合物放在贴有滤纸的玻璃漏斗中,用溶剂洗涤。这样,所要萃取的物质就可以溶解在溶剂里,而被过滤取出。

加热提取法又分为普通回流法和索氏提取法。普通回流法是在回流装置中用溶剂将固体物质浸渍后,加热回流促使被提取物溶入溶剂,再通过过滤分开液相和固相。

如果萃取的物质溶解度很小,一般用索氏提取法,又称连续回流法。将滤纸做成与提取器大小相适应的套袋,然后把固体混合物放置在纸套袋内,装入提取器内。溶剂的蒸气从烧瓶进到冷凝管中,冷凝后,回流到固体混合物里,溶剂在提取器内达到一定的高度时,就和所提取的物质一同从侧面的虹吸管流入烧瓶中。溶剂就这样在仪器内循环流动,而把所要提取的物质集中到下面的烧瓶里。

通常所说的萃取是指液-液萃取,本实验主要介绍液-液萃取操作。

三、仪器与试剂

(1) 仪器:125 mL 分液漏斗,50 mL 烧杯,50 mL 锥形瓶。

(2) 试剂:50 g·L^{-1} 苯酚水溶液,乙酸乙酯,1% FeCl$_3$ 溶液。

四、实验步骤

(1) 向分液漏斗中加入适量水,然后检查分液漏斗的盖子和旋塞是否严密,旋塞转动是否灵活,如不灵活,则须涂凡士林,以防分液漏斗在使用过程中发生泄漏而造成损失。

(2) 将液体与萃取用的溶剂由分液漏斗的上口倒入,盖好盖子,振荡漏斗,使两液层充分接触。振荡操作方法一般是先把分液漏斗倾斜,使漏斗的上口略朝下,右手捏住漏斗上口颈部,并用食指腹压紧盖子,以免盖子松开,左手握住旋塞。握持旋塞的方式既要能防止振荡时旋塞转动或脱落,又要便于灵活地旋开旋塞,如图 2-1 所示。

图 2-1　萃取操作示意图

(3) 振荡后,让漏斗仍保持倾斜状态,旋开旋塞,放出蒸气或产生的气体,使内外压力平衡。若在漏斗内盛有易挥发的溶剂(如乙醚、苯等),或有酸中和碳酸盐溶液而产生二氧化碳气体,振荡后,更应注意及时旋开旋塞,放出气体。

(4) 振荡数次以后,将分液漏斗放在铁环上(最好把铁环用石棉绳缠扎起来),静置,使乳浊液分层。

有时有机溶剂和某些物质的溶液一起振荡,会形成较稳定的乳浊液。在这种情况下,应该避免急剧的振荡。如果形成乳浊液,且一时又不易分层,则可加入食盐,使溶液饱和,以降低乳浊液的稳定性,轻轻地旋转漏斗,也可使其加速分层。在一般情况下长时间静置分液漏斗,可达到使乳浊液分层的目的。

(5) 分液漏斗中的液体分成清晰的两层以后,就可以进行分离。分离液层时,下层液体经旋塞放出,上层液体应从上口倒出。

先把顶上盖子打开,或旋转盖子使盖子上的凹缝或孔对准漏斗上口颈部的小孔,以便与大气相通,把分液漏斗的下端靠在接收器的壁上。旋开旋塞,让液体流下,当液层间的界限接近旋塞时,关闭旋塞,静置片刻,这时下层液体往往会增多一些,再把下层液体仔细地放出,然后把剩下的上层液体从上口倒在另一个容器里。

(6) 实验样品:50 g・L^{-1} 苯酚水溶液 20 mL 以乙酸乙酯萃取 3 次,每次 10 mL。并分别取未经萃取的苯酚水溶液、第一次萃取和第二次萃取后的水层各滴两滴于点滴板上,加入 1% 的 $FeCl_3$ 溶液 1 滴,比较颜色深浅。

五、注意事项

(1) 萃取前,一定要对分液漏斗检漏并检查活塞的灵活性。

(2) 涂凡士林时不能让其沾到容器内部,以免在萃取过程中,因有机溶剂溶解凡士林而产生污染。

(3) 下层液体从下口放出,上层液体从上口倒出。如果上层液体也经旋塞放出,则漏斗旋塞下面颈部所附着的残液会把上层液体弄脏。

(4) 在萃取或洗涤时,上下两层液体都应该保留到实验完毕。否则,如果中间的操作发生错误,便无法补救和检查。

六、思考题

(1) 如何选择萃取剂?

(2) 萃取操作中为何要放气?

实验二 蒸 馏

一、实验目的

(1) 掌握利用普通蒸馏的方法来提取和纯化液态有机化合物的操作。

(2) 掌握常量法测沸点的操作。

二、实验原理

在通常情况下,纯粹的液态物质在大气压力下有一定的沸点。如果在蒸馏过程中沸点发生变动,那就说明物质不纯,因此蒸馏的方法可用来测定物质的沸点和定性地检验物质的纯度。但是不能认为沸点一定的物质都是纯物质,因为有些有机物往往能和其他组分形成二元或三元共沸混合物等,它们也有一定的沸点。

蒸馏是提纯液态有机化合物的最常用的方法之一。假如物质在其沸腾的温度不会被分解,且与杂质的沸点相差较大(如 30 ℃以上),则可用常压蒸馏的方法进行提纯。通过蒸馏,既可以提纯液体,又可以借此测定液体物质的纯度。

蒸馏还常用于回收溶剂。

三、仪器与试剂

(1) 仪器:100 mL 圆底烧瓶,蒸馏头,温度计,直形冷凝管,引接管,乳胶管,铁架台,烧瓶夹,冷凝管夹,止爆剂,水浴锅。

(2) 试剂:工业乙醇。

四、实验步骤

(1) 首先应根据液体的沸点选用适当的热源,通常热源温度比液体的沸点高 20~30 ℃即可。沸点在 80 ℃以下的液体应采用水浴加热,用灯焰加热时,不能直接加热玻璃器皿,否则玻璃器皿容易破裂而引起燃烧事故,或由于受热不匀,引起局部过热,使物质分解。对于沸点高于 80 ℃且不易分解的物质,可用火加热,并注意:沸点在 80~150 ℃时,可把玻璃器皿放在石棉网上加热;在 150 ℃以上时,可把玻璃器皿放在金属网上加热,如需均匀地进行加热,则采用间接加热法,如油浴、沙浴等。

(2) 选择适当大小的蒸馏瓶,常用圆底烧瓶作蒸馏容器,大小以所盛液体占瓶容积的 1/3~2/3 为宜。将圆底烧瓶用烧瓶夹固定在热浴上方,并调整至适当高度,要求热浴液体的液面高过蒸馏瓶内液体的液面。

(3) 按图 2-2 所示依次安装好蒸馏头、冷凝管、引接管和接收瓶。

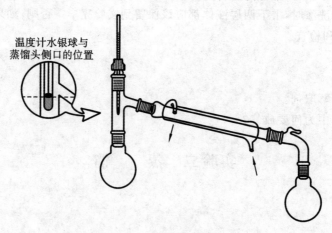

温度计水银球与
蒸馏头侧口的位置

图 2-2　普通蒸馏装置

冷凝管的选择:当被蒸馏的液体沸点在 130 ℃以下时,可用直形冷凝管;对于易挥发、易燃性液体,冷凝管内水的流速要快;当沸点在 100~130 ℃时,应缓慢通水,以防冷凝管破裂;当沸点在 130 ℃以上时,必须用空气冷凝管。

如用直形冷凝管,应在安装前将冷凝管进、出口侧管接上橡皮管,并用冷凝管夹固定好冷凝管。

引接管与接收瓶间应塞紧,如馏液为易燃液体,须在侧管上接橡皮管并通入吸收槽或引至室外(如蒸乙醚时)。馏液接收瓶要用冷水或冰水冷却。如馏液易吸水,引接管的侧管上应通过一干燥管与大气相通以防吸收水分。必须注意仪器内外一直保持空气自由流通,以免由于加热或有气体发生,使瓶内压力增大而发生爆炸事故。

(4)用玻璃棒及漏斗将液体和止爆剂加入蒸馏瓶中,如液体中放有干燥剂,则须用棉花或滤纸过滤。

塞上带有温度计的塞子。温度计须插在塞子正中,插入装置的位置应使水银球的上端与蒸馏头侧口下端相平,勿与瓶壁接触。整个装置要求整齐稳固。

(5)通入冷却水,冷却水通入方向为:下口进,上口出。开始加热蒸馏。

如用蒸馏法来测定沸点,一般以冷凝管末端第一滴液体滴入接收器时温度计所示温度为起始温度(始沸),直至温度恒定,馏速也较恒定且流速在每分钟 45~50 滴,即为沸点。直到液体几乎全部蒸完时,记录最后温度(终沸)。起始温度与最后温度之差,即为该液体的沸点距。

(6)蒸馏完毕后,先移去热源,再移去引接管及接收瓶,然后拆开冷凝管及蒸馏瓶。如蒸馏液体沸点很高,则不能立即取出温度计,否则将会破裂。

(7)实验样品:50 mL 工业乙醇。

五、注意事项

(1)各磨口玻璃仪器的磨口应配套,连接紧密,整个蒸馏装置须与大气相通。

(2)蒸馏任何液体时须在加热前加入 2~3 块止爆剂,以助汽化及止爆,蒸馏中途严禁加入,万一要在中途补加,则须冷至接近室温方可加入。对于中途停止蒸馏的液体,在继续重新蒸馏前应加新的止爆剂。

(3)实验目的如为纯化液体,则应将低沸点的前馏分用其他容器接收后弃去,至温度计上显示温度为所需液体沸点时再开始接收,蒸至温度计上显示温度突然变化时,停止加热。本实验中需接收的是 95% 的乙醇,沸点为 78 ℃。

(4)工业乙醇中往往含有其他低沸点有机溶剂,用蒸馏法分离往往效果不够理想。

六、思考题

(1)为什么蒸馏不能在密闭的体系中进行?

(2)如果液体具有恒定的沸点,能证实它是纯净物吗?

(3)蒸馏时为什么要加止爆剂?止爆剂为何不能在中途加入?

附 实验记录

蒸馏前样品外观: 蒸馏后产品外观:

蒸馏前样品量: 蒸馏后产品量:

始沸点: 沸点: 终沸点:

实验三　减压蒸馏

一、实验目的

(1) 掌握减压蒸馏的操作技术。
(2) 了解减压蒸馏的原理。

二、实验原理

液体的沸点是指它的蒸气压等于外界压力时的温度,此时液体会沸腾。液体沸腾的温度会随着外压的增加而升高,也会随着外压的减小而降低。很多有机化合物,特别是高沸点的有机化合物,在常压下蒸馏易发生部分或全部分解,在这种情况下,采用减压蒸馏方法最为有效,一般的高沸点有机化合物,当压力降低至 2.66 kPa(相当于 20 mmHg)时,其沸点要比常压下的沸点低 100~120 ℃。

三、仪器与试剂

(1) 仪器:100 mL 圆底烧瓶,50 mL 圆底烧瓶,克氏蒸馏头,毛细管,温度计,直形冷凝管,引接管,乳胶管,铁架台,烧瓶夹,冷凝管夹,螺旋夹,水浴锅,水泵。

(2) 试剂:无水乙醇。

四、实验步骤

(1) 如图 2-3 所示,自左向右依次安装好仪器装置。在安装中注意下列几点。
① 仪器都必须是硬质的,而且没有任何裂纹,以免在蒸馏过程中发生破裂,引起爆炸。
② 蒸馏瓶内液体体积占容器容积的 1/3~1/2。
③ 毛细管主要用以维持平稳的沸腾,同时起到一定的搅拌作用,这样可以防止液体暴沸。毛细管必须插至距离瓶底 1~2 mm 处,毛细管不能过粗,否则将影响蒸馏。

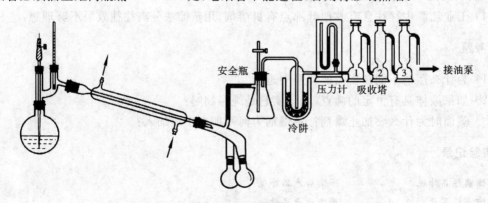

图 2-3　减压蒸馏装置
吸收塔:1—无水 $CaCl_2$;2—固体 NaOH;3—石蜡片

检验毛细管粗细的方法如下:将毛细管插在盛有少许乙醚的试管中,向管内吹入空气,有很小的气泡由毛细管冒出,表示合适。如气泡很多,说明毛细管较粗。此时可在毛细管最上端接一根橡皮管,用螺旋夹夹紧,在蒸馏时适当打开少许,以调节空气流,使沸腾平稳。

④在真空度要求很高时使用油泵,此时切忌将有机溶剂、酸、碱和水抽入泵体,以免损坏油泵,装置中的安全瓶和吸收塔就是起这一作用的。

在真空度要求不高时,一般用水泵。

⑤进行气密性检查,确保装置各部分连接紧密,不漏气。

(2) 当仪器装置安装完毕后,打开水银压力计的活塞,关闭安全瓶上的活塞,启动油泵,用安全瓶上的活塞调节水银压力计指示压力到所需的数值,即可用适当的热浴加热。

(3) 将低沸点的馏分收集至其中一个接收瓶,待蒸馏温度升至所需温度时,旋转接收部分的磨口,使馏出液流入另一个接收瓶,蒸馏速度为每秒不超过 1 滴。直至温度发生变化,即可停止蒸馏。

(4) 蒸馏结束时,先移去热源,然后稍旋开毛细管的活塞,再稍旋开安全瓶的活塞,使与大气相通后完全打开毛细管的活塞。最后停泵,拆除装置。

(5) 实验样品:50 mL 无水乙醇。收集压力 0.04 MPa 下的馏出液,并读取此压力下的沸点。

五、注意事项

(1) 使用油泵时,吸收塔内所装吸收剂的种类可根据蒸馏液的性质而定,一般用浓硫酸(吸收水分、碱气、溶剂等)、氧化钙、氢氧化钠(吸收水分、酸气等)等作为吸收剂。

(2) 安全瓶的作用是防止蒸馏液冲出吸收瓶以及吸收剂倒吸入接收瓶,安全瓶的进气管和出气管都不能插到底,吸收瓶的进气管要插到底(固体吸收瓶中的进气管用纱布包好),而出气管不能插到底。

(3) 在实际工作中常可用减压蒸馏的方法来回收溶剂,如乙醇等,此时往往真空度要求不高,一般用水泵抽真空,现在常用的产品为循环水式真空泵。如果没有特殊需求,常可将吸收塔省去不用。

六、思考题

(1) 减压蒸馏时是否需加止爆剂?

(2) 减压蒸馏结束时,为什么要先打开毛细管和安全瓶的活塞,然后才能停泵?

实验四　水蒸气蒸馏

一、实验目的

(1) 了解水蒸气蒸馏的基本原理。

(2) 掌握水蒸气蒸馏的操作技术。

二、实验原理

水蒸气蒸馏是将水蒸气通入不溶或难溶于水,但在 100 ℃时有一定挥发性的有机物中,使需要蒸馏的物质在低于 100 ℃的温度下随着水蒸气一起蒸馏出来。

当水和不溶(或难溶)于水的某化合物一起存在时,整个体系的蒸气压为二者蒸气压之和,

即

$$p = p_{H_2O} + p_A$$

式中：p 为体系蒸气压；p_{H_2O} 为水的蒸气压；p_A 为不溶(或难溶)于水的化合物的蒸气压。

当 p 达到大气压时，体系开始沸腾，显然沸腾时的温度比水及该化合物的沸点都要低，也就是说，该化合物和水在低于 100 ℃时可被共同蒸出(二者物质的量分别为 n_{H_2O} 和 n_A)。蒸馏时体系温度保持不变，直至其中一组分被完全蒸出。

根据道尔顿分压定律，蒸出的两物质的物质的量之比为

$$n_A = n_{H_2O} \frac{p_A}{p_{H_2O}}$$

此式适用于当 A 物质在水中不溶解时的计算。实际上任何物质在水中都有部分溶解，对于难溶于水的物质，上式计算所得结果只是近似值。

水蒸气蒸馏是常用的提取分离方法，常适用于下列情况：

(1) 混合物中含有大量固体或焦油状物质，通常的过滤、萃取等方法不适用；

(2) 混合物中存在不溶或难溶于水，而挥发性又较强的物质，该物质在 100 ℃时蒸气压至少要有 5 mmHg；

(3) 沸点很高，在接近或到达沸点时，容易分解、变色或变质，而在与水共沸时不发生化学反应。

三、仪器与试剂

(1) 仪器：水蒸气发生器，三口烧瓶，圆底烧瓶，T 形管，直形冷凝管，引接管，导气管，电炉，石棉网，乳胶管。

(2) 试剂：中药徐长卿，2%$FeCl_3$溶液。

四、实验步骤

(1) 如图 2-4 所示，自左向右依次安装好仪器装置。在安装中注意以下几个方面。

①水蒸气发生器：水蒸气发生器内装水量为容器容积的 1/3～2/3，附安全管以指示水位，

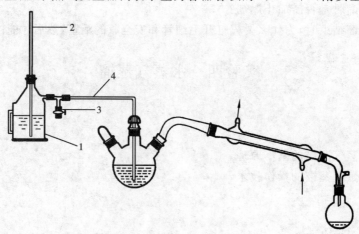

图 2-4　水蒸气蒸馏装置

1—水蒸气发生器；2—安全管；3—排气管；4—水蒸气导入管

并表示内压。安全管要插入水面以下但不能触底。

②蒸馏瓶：可用三口烧瓶，也可用圆底烧瓶配以合适的接头，内盛蒸馏液约为容器容积的 1/3；导入水蒸气的玻璃管应插入中央近瓶底，以便水蒸气与蒸馏物质充分接触并起搅拌作用。

（2）将要蒸馏的物质装入蒸馏瓶内，检查气密性。打开排气管阀门，直火加热水蒸气发生器。水沸腾后，冷凝管内通入冷水，关闭排气管阀门，使水蒸气通入圆底烧瓶，开始蒸馏。不久在冷凝管中就会出现水和有机物的混合物，调节加热速度，使馏出液的速度为每秒 2～3 滴。

（3）待馏出液透明，表示已蒸完，此时应打开螺旋夹，停止加热，逐步拆除装置。

（4）实验样品：徐长卿碎片 120 g。

五、注意事项

（1）在蒸馏过程中，如安全管液面上升很快，表示有堵塞现象，则须打开排气管螺旋夹并去火源，检查何处堵塞，待一切正常后再开始蒸馏；如安全管出口有水蒸气冒出，表示水蒸气发生器内已无水，须停止加热，补充水。

（2）如果通入水蒸气一段时间后仍无液体蒸出，则说明水蒸气量不足，烧瓶内液体温度太低，这时应调快加热速度，或用小火加热蒸馏烧瓶。

（3）如蒸出物为固体而有堵塞冷凝管的趋势，则可停止通入冷却水片刻，待熔化后再慢慢通入冷却水。

六、思考题

（1）为什么要把不够热的水蒸气放出？

（2）如安全管中水位过高，该怎么做？

实验五　重　结　晶

一、实验目的

（1）掌握重结晶的原理和实验方法。

（2）掌握过滤、回流等基本操作方法。

二、实验原理

任何反应所得的产物，都混有杂质（如未发生反应的原料和副产物等）。为了得到比较纯净的物质，必须通过精制。一般有机物都是以固体或液体形态存在，它们的精制方法各不相同。纯化固体最为常用的方法就是重结晶，对于容易升华的物质则往往采取升华来提纯。

所谓重结晶，其一般过程就是设法将固体物质溶解于某种适当的溶剂中，溶液经过过滤（必要时须经脱色）除去杂质后再经浓缩、冷却或其他方法处理，使较纯的结晶析出。过滤后所得的滤液为母液，所得的结晶即为纯化物质，有时这种操作需要反复进行，方能获得纯品。

（1）在进行重结晶时，选择合适的溶剂是一个关键问题。所选溶剂不能与重结晶物质发生化学反应。重结晶物质与杂质在溶剂中的溶解度要有比较大的差别，一般重结晶物质随温度的不同，溶解度有显著的不同，即在热时容易溶，冷时难溶或不溶。且溶剂容易挥发，容易与重结晶物质分离。此外还要适当考虑溶剂的毒性、易燃性和价格等。

　　重结晶常用的溶剂有水、乙醇、甲醇、乙醚、石油醚、冰乙酸和苯等。为了选择合适的溶剂，必须考虑被溶物质的成分和结构，除查化学手册外，有时需要做溶解度实验。

　　溶解度实验方法如下。

　　取 0.1 g 待重结晶固体，放入一支小试管中，用滴管将某一溶剂逐滴加入，不断振摇试管，当加入溶剂量接近 1 mL 时，加热混合物使其沸腾(注意溶剂的易燃性)，如此物质易溶于沸腾的溶剂中，即表示该溶剂不适用。

　　如果样品不溶于沸腾的溶剂，则可逐步添加溶剂，每次约 0.5 mL，并继续加热使其沸腾，如加入溶剂量达 3 mL，而物质仍不溶解，表示此溶剂也不适用。

　　如该物质能溶解于 3 mL 以内的热溶剂中，则将试管进行冷却，观察有无结晶析出，必要时可用玻璃棒摩擦试管内壁，以帮助晶体析出。

　　如果浸入冷却液中，并用玻璃棒摩擦试管内壁后，在数分钟内仍无晶体析出，表示该溶剂不适于单独作为溶剂。

　　在许多干燥试管中，按上述方法逐一采用不同的溶剂进行实验，观察在哪一种溶剂中冷却析出结晶最多，该溶剂便是最适用的溶剂，然后可将它与样品按适当的比例进行重结晶。

　　在不能选择到一种适当的溶剂时，一般采用混合溶剂。这是一对可互溶的溶剂，进行结晶的化合物在其中一种溶剂中可溶，而在另一种溶剂中难溶。

　　常用的混合溶剂有水-乙醇、水-乙酸、水-丙酮、水-吡啶、石油醚-苯、石油醚-乙醚、石油醚-丙酮、乙醚-乙醇等。

　　(2) 加热：重结晶往往需要制备样品的饱和溶液，如果用水作溶剂，可用普通敞口容器加热，而如果用有机溶剂，则须用回流加热法(如图 2-5 所示)，以防溶剂挥发损失及燃烧爆炸等。

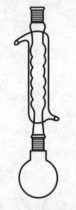

图 2-5　回流装置

　　(3) 过滤：重结晶中，常用的过滤方式包括趁热过滤和抽气过滤。

　　①趁热过滤：为了防止主要溶质在过滤过程中析出，所以需要趁热过滤。一般采用热水漏斗，将它固定安装妥当后，将夹套中的水烧热，然后过滤。如溶液量少，也可选用短而粗颈的玻璃漏斗放在烘箱中预热，过滤时趁热取出过滤。趁热过滤时为加快过滤速度，常使用折叠式滤纸，折叠方法如图 2-6 所示：取一圆形滤纸对折再对折，然后在两折痕间不断对折，最后打开得到均匀的 16 等分的扇形，即可。趁热过滤装置如图 2-7(a)所示。

　　②抽气过滤：简称抽滤，可加快过滤的速度，还可使晶体与母液尽量分开。一般用布氏漏斗与抽滤瓶(当晶体量少于 0.5 g 时用玻璃钉过滤)，抽滤装置见图 2-7(b)，抽气动力常用真空水泵。

　　(4) 析出结晶：主要方法有两种。其一是减少溶剂的体积(浓缩)，方法可用自然蒸发或加热蒸发。其二是降低溶液的温度，如果所选用的溶剂不仅对杂质的去除有一定的作用，而且对样品的溶解度能因温度的变化而有显著的差别(例如样品溶于热溶剂中而难溶于冷溶剂中)，那么可将样品溶于最少量的沸腾的溶剂中，趁热过滤除去不溶性的杂质，放冷后便有较纯的结晶析出。

　　冷却的方法对结晶的大小与产品的纯度有一定的影响。若迅速搅拌冷却，则得到的晶体细小，表面积大，杂质易吸附在晶体表面；缓慢冷却得到的晶体颗粒较大，母液和杂质易包在晶体内部。要得到纯度较好的晶体，要视杂质情况采用合适的冷却方法。

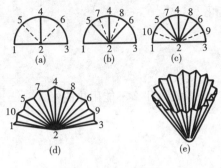

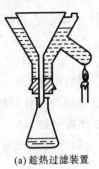

图 2-6　折叠式滤纸　　　　　　　　　　图 2-7　重结晶过滤装置

（5）晶体的洗涤和干燥：为了使结晶与母液尽量分开，在抽滤时，应充分地洗涤，多在布氏漏斗上进行，即抽干母液后，停止抽气，将少量的洗涤液倒在沉淀上，然后以玻璃棒搅动，充分地洗涤（注意：不可搅破滤纸），再抽去洗涤液，如此操作 2～3 次，洗涤次数可多几次，每次洗涤必须抽干后再洗下一次，否则不容易洗净。

把彻底洗净压干的沉淀连带滤纸一起从漏斗上取出，放在干净的玻璃表面皿上，用镊子或匙揭去湿滤纸（注意：不可将滤纸上的纤维刮下来），进行干燥，常用的方法是在水浴上、电烘箱中加热，或用红外线照射干燥，也可放在干燥器中干燥。

三、仪器与试剂

（1）仪器：250 mL 锥形瓶，250 mL 烧杯，三角漏斗，滤纸，布氏漏斗，抽滤瓶，玻璃棒，表面皿，水泵，干燥箱，铁架台，铁圈，100 mL 圆底烧瓶，球形冷凝管，电炉，水浴锅，红外灯。

（2）试剂：粗苯甲酸，粗萘，活性炭，95％乙醇，蒸馏水。

四、实验步骤

1. 苯甲酸的精制——以水为溶剂的重结晶

取 3 g 不纯的苯甲酸和 125 mL 水，放入 250 mL 锥形瓶中，用电炉加热至沸腾，待苯甲酸完全溶解，如溶液有颜色，稍冷后，加入少许活性炭，搅拌，再煮沸 5～10 min，然后趁热过滤，用烧杯收集滤液，让滤液自行冷却，注意观察晶形。待滤液充分冷却后，用布氏漏斗抽滤，以 5～10 mL 冷水洗涤结晶，吸干，取出滤饼，然后在红外灯下干燥，称重，计算产率。

2. 萘的精制——以有机溶剂进行的重结晶

取 5 g 不纯的萘，放在 100 mL 圆底烧瓶中，加入 95％乙醇 20 mL，装上回流冷凝管，在水浴上加热至沸。从冷凝管上端陆续加乙醇（总共不超过 10 mL），使固体充分溶解。稍冷却，加入适量的活性炭，然后在水浴上回流加热 5 min，停止加热，趁热过滤，用锥形瓶收集滤液，瓶口用表面皿盖好（凸面向上）冷却，萘将自行结晶析出，观察晶形。抽滤，并以 5 mL 冷乙醇洗涤结晶，吸干，取出滤饼，在红外灯下干燥，称重，计算产率。

五、注意事项

（1）在热饱和溶液中加活性炭是为了吸附有色杂质，活性炭不能直接加到沸腾的溶液中，以免暴沸，应待溶液稍冷却后再加，然后继续加热以充分脱色。

（2）趁热过滤一般用热滤漏斗，也可用抽滤，如果用抽滤，应多加 20％～30％的溶剂。

（3）冷却结晶，大多用自然冷却法。

(4) 要适当控制产品的干燥温度,否则固体将会熔化。

六、思考题

(1) 趁热过滤时应注意哪些问题?

(2) 洗涤晶体时为什么要用与溶解时相同的溶剂? 洗涤液为什么不能用热的?

(3) 活性炭为何不能在沸腾时加入?

(4) 回流时,冷凝管上口能否用塞子塞住?

实验六　升　　华

一、实验目的

掌握常压升华的操作方法。

二、实验原理

对称性较高的固体物质,其熔点一般较高,并且在熔点以下具有较高的蒸气压时,往往不经过熔融状态就直接变成蒸气,蒸气遇冷,再直接变成固体,这一过程叫做升华。物质升华的温度称为升华点。

容易升华的物质含有不挥发性杂质时,可以用升华方法进行精制。升华方法有常压升华和减压升华两种。用升华方法制得的产品,纯度较高,但损失较大。

三、仪器与试剂

(1) 仪器:蒸发皿,三角漏斗,棉花,滤纸,研钵,表面皿,水浴锅。

(2) 试剂:粗碘。

四、实验步骤

当要精制的物质不太多时,可把要精制的物质放入蒸发皿中,用一张穿有若干小孔的圆滤纸把三角漏斗的口包起来,把此漏斗倒盖在蒸发皿上,漏斗颈部塞一团疏松的棉花,如图2-8(a)所示。

较大量物质的升华可在烧杯中进行。烧杯上放置一个通冷水的烧瓶,使蒸气在烧瓶底部凝结成晶体并附着在瓶底上,如图 2-8(b)所示。

(1) 将瓷蒸发皿放在热水浴(如需温度较高也可用油浴或石棉网)上,欲纯化的物质在研钵中研细后加至蒸发皿中,将包有滤纸(用针扎孔,刺孔向上)和塞有棉花的漏斗放在蒸发皿上。

(2) 加热,逐渐地升高温度(注意温度不宜太高),使要精制的物质汽化,蒸气通过滤纸孔,遇到漏斗内壁,冷凝为晶体,附着在漏斗的内壁和滤纸上。

在滤纸上穿小孔也可防止升华后形成的晶体落回到下面的蒸发皿中。

(3) 升华结束时,先移去热源,稍冷后,小心拿下漏斗,轻轻揭开滤纸,将凝结在滤纸正反两面的晶体刮到表面皿上,称重,计算产率。

(4) 实验样品:1 g 粗碘。

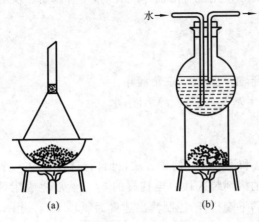

图 2-8　升华装置

五、注意事项

（1）加热速度要慢，如果加热速度很快，则会熔化变为液体，而不能升华。

（2）升华前，必须把要精制的物质充分干燥。

六、思考题

（1）什么样的物质适合用升华的方法纯化？

（2）用升华的方法提纯固体物质，有何优点和缺点？

实验七　柱　色　谱

一、实验目的

掌握柱色谱分离的操作方法。

二、实验原理

柱色谱法是通过色谱柱来实现分离的，它是在色谱柱中装入固定相，然后将样品加在柱顶，从柱顶加入有机溶剂（称为洗脱剂）洗脱，并在柱下分段收集洗脱液，从而达到对样品分离的目的（如图2-9所示）。由于色谱柱内填充剂量较大，因此往往分离样品量较大，这是一种常用的分离手段。

柱色谱的分离原理有多种，如吸附色谱、凝胶过滤色谱、离子交换色谱、大孔树脂色谱、分配色谱。在实验室最常用的吸附色谱是硅胶吸附色谱，硅胶吸附色谱为正相色谱。

一些实验室中常用洗脱剂的极性及在硅胶吸附色谱中的洗脱能力按以下次序递增：己烷、石油醚＜环己烷＜四氯化碳＜甲苯＜苯＜二氯甲烷＜氯仿＜乙醚＜乙酸乙酯＜丙酮＜乙醇＜甲醇＜水。

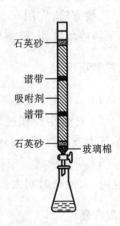

图 2-9　柱色谱

为达到良好的分离效果,可以使用混合溶剂作洗脱剂,还可以用逐步增加溶剂极性梯度洗脱的方法达到逐级分离的效果。

三、仪器与试剂

(1)仪器:层析柱,锥形瓶,玻璃棒,三角漏斗。

(2)试剂:甲基橙,亚甲基蓝,95%乙醇溶液,水。

四、实验步骤

(1)装柱:有湿法装柱和干法装柱两种方法,可自行选择其中一种方法。

①湿法装柱:将备用的溶剂装入柱内至柱高的 3/4,然后将吸附剂和溶剂调成糊状,慢慢地倒入管中,此时应将管的下端打开,控制流出速度为每秒 1 滴。用木棒或套有橡皮管的玻璃棒轻轻敲击柱身,使装填紧密。当装入量约为柱身的 3/4 时,再在上面盖上一小块圆形滤纸或脱脂棉,以保证吸附剂顶端平整,不受流入溶剂的干扰。操作时应保持流速,注意不能使液面低于滤纸面。整个装填过程中不能使吸附剂有裂缝或气泡,否则影响分离效果。

② 干法装柱:在色谱柱的上端放入干燥漏斗,使吸附剂均匀地经干燥漏斗成一细流慢慢装入管中,中间不能间断,填装时应不断轻敲柱身,使填装均匀。全部吸附剂加入后,再加入溶剂,并打开下端活塞,使溶剂流经吸附剂将其全部润湿,同时也将气泡赶出柱外。

(2)加样:把要分离的样品配制成适当浓度的溶液,将吸附剂上多余的溶剂放出,直到柱内液体表面达到吸附剂表面时,停止放出溶剂,沿管壁加入样品溶液。注意不要使溶液将吸附剂冲松浮起。样品溶液加完后,开启下端活塞,使液体渐渐放出。

(3)洗脱:至溶剂液面和吸附剂表面相平齐时,加入溶剂使其从上到下流经吸附剂,以达到分离化合物的目的。在此过程中应连续不断地加入洗脱剂,使其保持一定高度的液面,切忌使吸附剂表面上的溶液流干。

收集洗脱液时,如样品各组分有颜色,在色谱柱上可直接观察,洗脱后分别收集各个组分。在多数情况下,化合物没有颜色,收集洗脱液时,多采用等量分份收集的方法,每份洗脱液的体积随所用吸附剂的量及样品的分离情况而定。一般若使用 50 g 吸附剂,每份洗脱液的体积常为 50 mL。如洗脱液极性较大或样品中各组分结构相近似,则每份收集量应减小。

(4)实验样品:1 mg 甲基橙和 5 mg 亚甲基蓝混合样品配制成 2 mL 乙醇溶液。

洗脱方法:先用 95%乙醇溶液将亚甲基蓝全部洗脱下来,待洗脱液呈无色时,换水作洗脱剂,更换收集容器,收集甲基橙。

五、注意事项

(1)装柱时,吸附剂顶端要平,如顶端不平,将易产生不规则的色带。

(2)在整个操作过程中,都要控制溶剂不能流干,吸附剂不能露出液面,否则易使色谱柱产生气泡或裂缝,影响分离效果。

(3)在洗脱过程中,应控制洗脱液的流出速度。太快则往往交换来不及达到平衡,影响分离效果;太慢则时间太长,有时吸附剂可能促使某些成分分解破坏,而使样品发生变化。

六、思考题

(1)实验中先用极性小的洗脱剂再用极性大的洗脱剂洗脱,能否反过来?

（2）为什么在加样品前要把液面调到与吸附剂表面相平，而吸附剂又不能超出液面，而且加洗脱剂洗脱前又有同样的要求？

实验八　薄层色谱

一、实验目的

掌握薄层色谱分离的操作方法。

二、实验原理

薄层色谱法简称 TLC 法，是一种微量快速的分离分析方法，属于固-液色谱。它是将吸附剂或载体涂布在玻璃板或薄膜上，然后将样品点在薄板上，再以展开剂展开。

实验室中常用的吸附剂有硅胶、氧化铝、聚酰胺等。

其中硅胶是最常用的吸附剂。硅胶的吸附为极性吸附，化合物的吸附能力和它们的极性成正比，其分子中含有极性较强的基团，它的吸附性就较强。弱极性的溶剂洗脱能力弱，而极性较强的溶剂洗脱能力较强。而各组分按照极性由弱到强的顺序依次洗脱下来，常称为正相色谱。硅胶是无定形多孔性的物质，略具酸性，适用于中性和酸性化合物的分离和分析。薄层色谱常用的硅胶包括：不含黏合剂烧石膏的，称为"硅胶 H"；含一定量烧石膏作黏合剂的，称为"硅胶 G"；不含烧石膏而含荧光物质的，称为"硅胶 HF254"，可在波长为 254 nm 的紫外光下观察荧光；同时含有烧石膏和荧光物质的，称为"硅胶 GF254"。

薄层色谱用氧化铝有中性、酸性、碱性之分，也有氧化铝 H、氧化铝 G 及氧化铝 HF254、氧化铝 GF254 等型号。

薄层色谱应用范围较广，既可根据样品的 R_f 值进行定性分析，又可根据样品点的色斑颜色深浅进行定量分析，用较厚的吸附层还可用于样品的制备。薄层色谱主要有以下特点：

（1）展开时间短，一般只要十几分钟到几十分钟即可获得结果；

（2）分离能力强，斑点集中；

（3）灵敏度高，通常使用的样品量为几到十几毫克，甚至 0.01 μg 的样品也能检出，既可分离微量样品，又可分离大量样品；

（4）显色方便，可直接喷洒腐蚀性的显色剂。

进行薄层色谱分离须事先将吸附剂或载体涂布在玻璃或铝箔表面制成薄层板。若将其以干燥粉末方式直接进行涂布，所得薄层板称为软板；若涂布时将其用水或羧甲基纤维素钠（CMC-Na）溶液调成浆状后再进行，则所得薄层板称为硬板。本实验主要介绍硅胶硬板的薄层色谱。

三、仪器与试剂

（1）仪器：层析缸，点样器，干燥器。

（2）试剂：对硝基苯胺，邻硝基苯胺，硅胶 G，0.5% CMC-Na 溶液，甲苯，乙酸乙酯，碘。

四、实验步骤

（1）铺板：称取一定量硅胶 G 放入研钵，按照硅胶与 0.5% CMC-Na 溶液的质量（g）体积

(mL)比为1∶3的比例加入黏合剂,搅拌除去气泡,调成糊状物,然后均匀地涂布在玻璃板上。

常采用下列两种涂布方法:一种是平铺法,涂布方法如图 2-10 所示,把干净的玻璃板平放在涂布槽或水平的实验台面上,将涂布器放在玻璃板上,在涂布器中倒入糊状物,将涂布器自左向右推过玻璃板,即可将糊状物均匀地涂布在玻璃板上,若无涂布器,也可用边沿光滑的不锈钢尺或其他代用品自左向右将糊状物刮平;另一种是倾注法,将调好的糊状物倒在玻璃板上,用手摇晃,并加以适当振动,使糊状物在玻璃表面涂布均匀,放于平处即可。

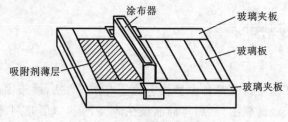

图 2-10　用涂布器铺板

(2) 活化:将涂好的薄层板在室温下水平放置晾干,再移入烘箱内,升温至 105～110 ℃,并维持此温度 30 min 后,在干燥器中保存备用。

(3) 点样:取薄层板,在其一端离边沿约 1 cm 处用软铅笔轻轻划一点样线。用点样器或管口平整的毛细管吸取少量样品溶液,轻轻接触薄层板点样处,如一次点样量不够,可待溶剂挥发后再点,反复数次,但应控制样品的扩散直径不超过 2 mm。两个样品点之间距离应大于1.5 cm。

(4) 展开:将配好的展开剂倒入层析缸,液层厚度约 0.5 cm,将薄层板点样一端向下放入缸内,盖好缸盖,静置,如图 2-11 所示。待展开剂前沿上升至距顶端约 1 cm 时,取出薄层板,用铅笔标出前沿位置,晾干或吹干。

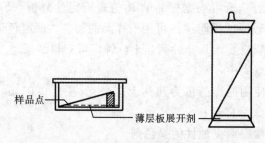

图 2-11　薄层层析

(5) 显色:如样品本身有颜色,则可直接看到斑点位置;如斑点无色,可用紫外灯观察、用碘熏或以合适的显色剂喷雾显色。

(6) 实验样品:对硝基苯胺和邻硝基苯胺的混合液及各自的对照品,均配成乙醇溶液,浓度 1%。展开剂:甲苯、乙酸乙酯的体积比为 4∶1。显色方法:碘熏。

五、注意事项

(1) 薄层板要充分晾干后才能活化,活化时要缓慢升温,否则容易形成龟裂。

(2) 在薄层板上划线和点样时,动作要轻,避免划破吸附层。

(3) 点样量要适中,点样量过多则斑点过大,形状不良而使分离不好或拖尾,点样量太小则可能显不出色来。

六、思考题

(1) 为什么薄层板要活化后才能使用？

(2) 对硝基苯胺和邻硝基苯胺，哪一个的 R_f 值较大？

实验九　纸　色　谱

一、实验目的

(1) 了解色谱分离的原理。

(2) 掌握纸色谱分离的操作方法。

二、实验原理

色谱法最初是由俄国植物学家茨维特于 20 世纪初在研究植物色素分离时发现的一种物理分离分析方法，借以分离及鉴别结构和物理、化学性质相近的一些有机物质。长期以来，经不断改进，该法已成功地发展为各种类型的色谱分析方法。它具有高效、灵敏、准确等特点，已广泛地应用在有机化学、生物化学的科学研究和有关化工生产等领域内。

色谱分析是基于分析样品各组分在不相混溶并作相对运动的两相中的溶解度不同或在固定相上的吸附能力不同等，而使各组分分离。

常用的色谱分析方法有：①纸色谱法；②薄层色谱法；③柱色谱法；④高效液相色谱法；⑤气相色谱法。其中高效液相色谱法和气相色谱法是常用的分析化学实验手段。

色谱法在有机化学中的应用主要有以下几方面。

(1) 分离混合物：一些结构类似，物理、化学性质相似的混合物，用一般化学方法分离很困难，但应用色谱法分离，有时可得到满意的结果。

(2) 鉴定化合物：在条件一致的情况下，纯品化合物在薄层色谱或纸色谱中的比移值（R_f）是相近似的，因而可利用其帮助鉴定化合物。

$$R_f = \frac{样品点移动的距离}{溶剂移动的距离}$$

当实验条件相同时，对于同一个化合物其 R_f 值应是一个特定常数，因而可作为该化合物的定性依据。但是影响 R_f 的因素很多，实验数据有时与文献值不完全相同，故一般采取在相同的实验条件下，用标准样品作对比实验来进行鉴定。要达到良好的分离，R_f 应在 0.15～0.75，否则应更换展开剂。

(3) 检测化学反应是否完成：可利用薄层色谱或纸色谱观察原料色点消失的情况，证明反应完成与否。

(4) 定性定量分析：通过气相色谱或高效液相色谱的分析，可以定性、定量地测定样品中的化合物。

纸色谱属于分配色谱的一种，通常使用一种特制的滤纸作为惰性载体，以吸附在滤纸上的水或其他溶剂为固定相，而含有一定比例水的有机溶剂为流动相（称为展开剂）进行展开分离。它是根据分析样品内各组分在两相中的分配系数不同而达到分离的目的。

纸色谱法适用于多官能团或极性较强的有机物的分离和鉴定，如糖类和氨基酸的分析。

滤纸易于保存,但进行色谱展开时所费时间较长,一般需几小时甚至几十小时。

三、仪器与试剂

(1) 仪器:纸色谱展开槽,点样器。

(2) 试剂:间苯二酚,β-萘酚,甘氨酸,酪氨酸,苯丙氨酸,1%FeCl$_3$乙醇溶液,0.2%茚三酮乙醇溶液,正丁醇,苯,乙酸,水。

四、实验步骤

(1) 取少量试样,用水或易挥发的有机溶剂(如乙醇、丙酮等)将其完全溶解,配制成浓度约为1%的溶液。用铅笔在滤纸(滤纸大小根据实验需要选择)上划线,标明点样位置,以毛细管吸取少量试样溶液,在滤纸上按照已写好的编号分别点样,控制点样直径在0.2~0.5 cm,然后将其晾干或用热风吹干。

(2) 向纸色谱展开槽中注入展开剂,将已晾干的、点好样的滤纸点有试样的一端向下悬挂在展开槽中,盖上盖子,滤纸下端应位于展开剂液面以上。先饱和一段时间,然后将下端放入展开剂液面下约1.5 cm处,但试样斑点处必须在展开剂液面之上。

(3) 当溶剂前沿接近滤纸上端时,取出滤纸,划出前沿,然后晾干。如果化合物本身有颜色,就可直接观察到斑点;如本身无色,可在紫外灯下观察有无荧光斑点,或用显色剂显色。用铅笔在滤纸上划出斑点位置、形状及大小,计算R_f值。

(4) 实验样品。

① 间苯二酚和β-萘酚的分析:间苯二酚和β-萘酚的混合样品及各自的对照品乙醇溶液,浓度均为1%。展开剂:正丁醇、苯、水的体积比为1:1:20。显色剂:1% FeCl$_3$乙醇溶液。

② 氨基酸的分离:甘氨酸、酪氨酸和苯丙氨酸混合样品及各自的对照品乙醇溶液,浓度均为1%。展开剂:正丁醇、乙酸、水的体积比为4:1:1。显色剂:0.2%茚三酮乙醇溶液。

五、注意事项

(1) 滤纸一般长20~30 cm,宽度根据实验需要选择。

(2) 如一次点样量不够,可在溶剂挥发后,在原位置再点数次。

(3) 间苯二酚和β-萘酚用显色剂喷雾或浸润后,须在100 ℃左右下烘烤5~10 min,才能显出色斑。斑点颜色:间苯二酚为紫色,β-萘酚为蓝色。

(4) 喷雾显色操作时,喷雾要均匀、适量。

(5) 滤纸易腐蚀,遇硫酸会炭化,所以选择显色剂时应注意这一点,特别是不能用含浓硫酸的显色剂。

六、思考题

(1) 本实验中,间苯二酚和β-萘酚的R_f值哪一个大?

(2) 为什么要用铅笔在滤纸上划线来标出点样位置?是否可以不划,或者用圆珠笔、钢笔作标记?

实验十　固体有机物熔点测定

一、实验目的

（1）熟悉测定固体有机物熔点的方法。

（2）了解用熔点测定法来检验有机物纯度的原理。

二、实验原理

物质的固态与液态蒸气压相等时的温度，即为熔点。纯粹的有机化合物大都有一定的熔点，同时熔点距（即开始熔化到完全熔化的温度）也很小，只有 0.5～1.0 ℃。但如有少量杂质存在，物质的熔点距就增大，并使熔点降低。因此，熔点的测定常可用来识别物质及定性地检验物质的纯度。

三、仪器与试剂

（1）仪器：提勒管，温度计，酒精灯，熔点毛细管，橡皮塞。

（2）试剂：液体石蜡，苯甲酸，乙酰苯胺。

四、实验步骤

（1）熔点毛细管的制备：在酒精灯火焰的边缘将毛细管的一端封住，封口处不能弯曲、鼓成小球，而且厚薄要均匀。

（2）样品的填装：取绿豆大小（10～20 mg）的研细的干燥样品粉末于表面皿上，堆成小堆。将毛细管开口一端插入其中数次，这时就有少许样品被挤入毛细管中。将一根长约 50 cm 的玻璃管直立地放在表面皿上，将装有样品的毛细管由玻璃管上端自由落下，反复几次，样品就能紧密地填装在毛细管底部，高 2.5～3.5 mm。

（3）熔点测定管的准备：在提勒管（又称 b 形管）中装入传温液，其量为液面与侧管口上端相平，将温度计插入有缺口的橡皮塞中，装有样品的毛细管用一橡皮圈固定在温度计正前方，高低正好与水银球中部相平（橡皮圈不能触及传温液）。将温度计插入至水银球位于熔点测定管的上、下两侧管的中部。所得装置如图 2-12 所示。

（4）加热测定：在三角口的尖端加热，刚开始时，温度每分钟可上升 5～6 ℃，加热到与所预期的熔点相差 10～20 ℃时，改用小火，继续加热，使其每分钟上升 1～2 ℃。同时观察温度计示数与样品变化的情况。当毛细管内样品开始发毛、发圆、发凹或形状改变出现液滴时，这时的温度为始熔点，至全部透明时为终熔点。始熔至终熔的温度即为熔点，二者的差值为熔点距。

对一般容易分解的样品，可把传温液预热至约低于样品熔点 20 ℃时再装上有样品的毛细管，并改用小火加热测定熔点。

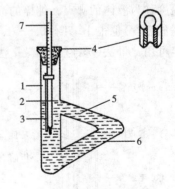

图 2-12　熔点测定装置

1—高温时液面；2—室温时液面；
3—熔点毛细管；4—缺口橡皮塞；5—溶液；
6—酒精灯加热处；7—温度计

等热浴温度下降 30 ℃左右,重新取熔点毛细管装样,再加热,进行下一次的测定。

(5) 测定样品:①乙酰苯胺;②苯甲酸;③乙酰苯胺和苯甲酸的混合样品。

每一样品粗测一次,精密测定两次,记录实验数据。

五、注意事项

(1) 根据测定温度不同,选择不同热浴,通常有浓硫酸、甘油、液体石蜡等。如果温度在 140 ℃以下,最好用液体石蜡或甘油,药用液体石蜡可加热到 220 ℃仍不变色;当温度较高时,可用浓硫酸,但用浓硫酸不太安全,整个操作过程中都应小心,并戴护目镜;当温度超过 250 ℃时,可在浓硫酸中加入硫酸钾。

(2) 对于纯净物,两次测定误差不能超过±1 ℃。

(3) 在测完熔点后,勿立即取出温度计,更不能立即用冷水冲洗,以免温度计爆裂。

六、思考题

(1) 测定时加热速度对测定结果有何影响?

(2) 同一样品,第一次测完后,是否需要重新换毛细管及样品?

实验十一　液体有机物沸点及折光率的测定

一、实验目的

(1) 了解微量沸点测定的原理,掌握微量沸点测定的操作。

(2) 了解折光率测定的原理,掌握折光率测定的操作。

二、实验原理

1. 液体沸点

当液态物质受热时,液体的蒸气压增大,待蒸气压增至和外压相等时,液体开始沸腾,此时的温度称为液体的沸点。纯粹的液态化合物大多有一定沸点,同时沸点距(即开始沸腾到完全沸腾的温度)也很小,只有 0.5～1.0 ℃。但如有少量杂质存在,物质沸点距就增大。液体沸点测定可用常量法(蒸馏法)和微量法。

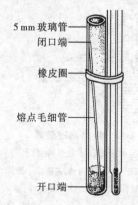

5 mm 玻璃管
闭口端
橡皮圈
熔点毛细管
开口端

图 2-13　微量沸点测定装置

微量法测定要用沸点管,如图 2-13 所示,加热液体时,毛细管内气体受热膨胀会不断逸出,液体沸腾后毛细管内主要由液体蒸气占据,这时,冷却液体,液体蒸气压将下降,当降至微小于外界压力时,液体将进入毛细管内。微量法仅需少量液体即可得到准确的测定结果。

2. 折光率

折光率又称折射率,当光线从一种介质射入另一种介质时,光的传播速度发生变化,光的传播方向也会改变,这种现象称为光的折射。折射角与介质密度、分子结构、温度以及光的波长等有关。若将空气作为标准介质,并在相同条件下测定折射角,经过换算后即得该物质的折光率。

根据折射定律,折光率是光线入射角的正弦与折射角的正弦之比,如图 2-14 所示,即

$$n = \frac{\sin\alpha}{\sin\beta}$$

式中:n 为液体的折光率;α 为入射角;β 为折射角。

化合物的折光率与入射光线的波长、温度、压力等因素有关,实验室常用的是波长为 589 nm 的钠光源,用阿贝折光仪测定,表示为 n_D^t。

为了测定 β 值,阿贝折光仪采用了"半暗半明"的方法,就是让单色光以 $0° \sim 90°$ 的所有角度从介质 A 射入介质 B,这时介质 B 中临界角以内的整个区域均有光线通过,因此是明亮的,而临界角以外的全部区域没有光线通过,因此是暗的,明暗两区界线十分清楚。如果在介质 B 的上方用目镜观察,就可以看见一个界线十分清楚的半明半暗视场,如图 2-15 所示。

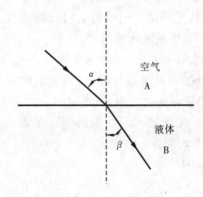

图 2-14　光的折射原理

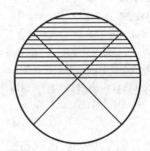

图 2-15　折光仪在临界角时的目镜视野

因各种液体的折光率不同,在操作时只需旋转棱镜转动手轮,调节入射角始终为 $90°$,即可从刻度盘上直接读出折光率。

三、仪器与试剂

(1) 仪器:提勒管,沸点管,毛细管,温度计,橡皮塞,橡皮圈,阿贝折光仪。

(2) 试剂:液体石蜡,四氯化碳,乙酸乙酯。

四、实验步骤

1. 沸点测定

温度计上用橡皮圈或铜丝附一沸点管,内放待测液(高 $6 \sim 7$ mm),将长约 8 cm、一端封口的毛细管倒插在沸点管中。然后将温度计插入提勒管,至水银球位于上下两侧管的中部。

慢慢加热提勒管三角处,至毛细管中有一连串小气泡冒出,此时即停止加热,让热浴自行冷却。当液体不再冒气泡或者液体开始进入毛细管时的温度,即为样品的沸点。

待热浴温度下降 30 ℃左右,更换沸点管和毛细管后,再测下一次。

实验样品:四氯化碳、乙酸乙酯。

2. 折光率测定

将阿贝折光仪(如图 2-16 所示)置于靠近窗户的桌子上或普通照明灯前,但不能曝于直射的日光中。用乳胶管把测量棱镜和辅助棱镜上保温套的进出水口与恒温槽(一般将温度调至 20 ℃)串接起来,装上温度计,恒温温度以阿贝折光仪上温度计读数为准。

旋开折射棱镜锁紧扳手,开启辅助棱镜,用擦镜纸蘸少量丙酮或乙醚轻轻擦洗上下镜面,

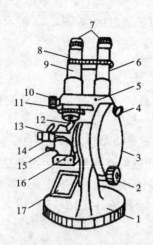

图 2-16　阿贝折光仪的结构

1—底座;2—棱镜转动手轮;3—圆盘组(内有刻度盘);
4—小反射镜;5—支架;6—读数镜筒;7—目镜;
8—望远镜筒;9—物镜调整镜筒;10—色散棱镜手轮;
11—色散值刻度圈;12—折射棱镜锁紧扳手;
13—折射棱镜组;14—温度计座;15—恒温计接头;
16—主轴;17—反射镜

风干。滴加数滴待测液于毛镜面上,迅速闭合辅助棱镜,旋紧折射棱镜锁紧扳手。若试样易挥发,则从加液槽中加入被测试样。

调节反射镜,使入射光进入棱镜,调节目镜,直到从目镜中观察到视场中出现彩色光带或黑白临界线为止。如出现彩色光带,则旋转色散棱镜手轮,使视场中呈现清晰的明暗临界线。同时旋转棱镜转动手轮,使临界线明暗清晰且位于叉形准线交点上。

记下刻度盘数值,即为待测物质的折光率。重复 2～3 次,取其平均值。同时记下阿贝折光仪温度计的读数,作为被测液体的温度。

首先测定水的折光率,并与纯水的标准值(n_D^{20} = 1.33299)比较,求得仪器的校正值;然后测定其他样品,计算出样品的折光率。

文献所查折光率是 n_D^{20} 值,如果实际测定不在 20 ℃,可通过下式换算:

$$n_D^{20} = n_D^t + 0.00045(t - 20)$$

实验样品:四氯化碳、乙酸乙酯。

五、注意事项

(1) 对于低沸点液体,当毛细管中气泡冒出不太多时,即可停止加热,使温度下降。

(2) 对于未知样品要粗测沸点,知道大致沸点范围后,再精测。

(3) 阿贝折光仪有消色散装置,故可直接使用日光或普通灯光,测定结果与用钠光灯结果一样。

六、思考题

(1) 若加热后毛细管内空气赶除不净,对微量沸点测定结果有何影响?

(2) 测定有机化合物折光率的意义是什么?

实验十二　旋光度的测定

一、实验目的

(1) 了解旋光仪的构造、原理和使用方法。

(2) 了解手性化合物的旋光性及其测定原理、方法和意义。

(3) 学习比旋光度的计算方法。

二、实验原理

光是一种电磁波,电磁波是横波。振动方向和光波前进方向构成的平面称为振动面。振动面只限于某一固定方向的光称为平面偏振光或线偏振光,简称偏振光。

当偏振光通过某些透明物质(光学活性物质)后,偏振光的振动面将以光的传播方向为轴线旋转一定角度,这种现象称为旋光现象。旋转的角度称为旋光度(α)。能使其振动面旋转的物质称为旋光性物质。旋光性物质不仅限于糖溶液、松节油等液体,还包括石英、朱砂等具有旋光性质的固体。

对映异构体的物理性质(如熔点、沸点、折光率等)和化学性质(非手性环境下)基本相同,只是对偏振光的旋光性能不同。一种化合物的旋光度和旋光方向可用它的比旋光度来表示。物质的旋光度除与物质的结构有关外,还与测定时所使用溶液的质量浓度、溶剂、温度、旋光管长度和所用光源的波长等有关系。因此常使用比旋光度$[\alpha]_{\lambda}^{t}$来表示物质在一定条件下的旋光度。比旋光度是旋光性物质的特征物理常数,只与分子结构有关,可以通过旋光仪测定物质的旋光度后经计算求得。

纯液体的比旋光度是指在液层长度为 1 dm、密度为 1 g·cm^{-3}、温度为 20 ℃及用钠光谱 D 线波长(589.3 nm)测定的旋光度,单位为度(°)。

溶液的比旋光度是指在液层长度为 1 dm、质量浓度为 1 g·mL^{-1}、温度为 20 ℃及用钠光谱 D 线波长测定的旋光度,单位为度(°)。

纯液体的比旋光度:

$$[\alpha]_{\lambda}^{t} = \alpha/(L\rho)$$

溶液的比旋光度:

$$[\alpha]_{\lambda}^{t} = \alpha/(LC)$$

式中:$[\alpha]_{\lambda}^{t}$为旋光性物质在温度为 t、光源的波长为 λ 时的旋光度,一般用钠光(λ 为 589.3 nm)作为光源,用$[\alpha]_{D}^{t}$表示;α 为测得的旋光度,(°);t 为测定时的温度,℃;λ 为光源的光波长,nm;ρ为纯液体在 20 ℃时的密度,g·cm^{-3};L 为旋光管的长度,dm;C 为溶液中有效组分的质量浓度,g·mL^{-1}。

定量测定溶液或纯液体旋光度的仪器称为旋光仪,实验室常用旋光仪测定旋光度。下面介绍目视旋光仪的结构和使用方法。

常用的目视旋光仪如图 2-17 和图 2-18 所示,主要由光源、起偏镜、旋光管和检偏镜几部分组成。光源为钠光灯;起偏镜是一个固定不动的尼科尔(又译尼科耳)棱镜,它像栅栏一样使光源发出的光只有振动面和棱镜镜轴平行的才能通过,变成只在一个平面振动的偏振光;旋光管装待测的纯液体或溶液;检偏镜是一个能转动的尼科尔棱镜,用来测定偏振光振动面的旋转角度和方向。

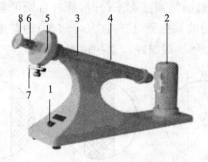

图 2-17 旋光仪的外形图

1—电源开关;2—钠光灯;3—镜筒;4—镜筒盖;5—刻度游盘;6—视度调节螺旋;7—刻度盘转动手轮;8—目镜

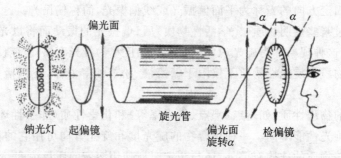

图 2-18 旋光仪示意图

光线从光源经过起偏镜(一个固定的尼科尔棱镜),变为单一方向上振动的偏振光,再经过盛有旋光性物质的旋光管时,因为物质的旋光性致使偏振光不能通过检偏镜(一个可转动的尼科尔棱镜),必须转动检偏镜,才能通过。因此,要调节检偏镜进行配光使最大量的光线通过。由刻度游盘上转动的角度可以得出检偏镜转动的角度,即为该物质的旋光度。

三、仪器与试剂

(1) 仪器:WXG-4 目视旋光仪,烧杯,1000 mL 容量瓶。

(2) 试剂:葡萄糖。

四、实验步骤

1. 溶液的配制

准确称取 10 g 葡萄糖,放入洁净的烧杯中,加入蒸馏水使其溶解,转移至 1000 mL 容量瓶中,稀释至刻度(配制的溶液应透明无杂质,否则应过滤),摇匀,备用。

2. 旋光度的测定

不同仪器操作不尽相同,基本步骤如下:

(1) 接通电源,待 5~15 min 后,钠光灯发光稳定即可开始测定。

(2) 调节旋光仪调焦手轮,使其能观察到清晰的三分视场。

由于人们的眼睛很难准确地判断视场是否全暗,因此会引起测量误差。为此该旋光仪采用了三分视场的方法来测量旋光溶液的旋光度。

为了准确判断旋光度的大小,通常在视野中分出三分视场,如图 2-19 所示。当检偏镜的偏振面与通过棱镜的光的偏振面平行时,通过目镜可看到图 2-19(c)所示的视场(中间亮,两旁暗);当检偏镜的偏振面与起偏镜的偏振面平行时,通过目镜可看到图 2-19(b)所示的视场(中间暗,两旁亮);只有当检偏镜的偏振面处于 1/2(半暗角)的角度时,才可看到图 2-19(a)所示的视场(全暗,看不到明显的界线,即虚线),这一位置作为零点。

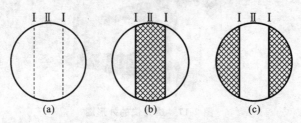

图 2-19 旋光仪中观察到的三分视场

（3）转动检偏器,观察并熟悉视场明暗变化的规律,掌握零度视场的特点是测量旋光度的关键。零度视场即三分视界消失,三部分亮度相等,且视场较暗。

（4）校正仪器零点,在旋光管中放入蒸馏水或配制待测样品所用的溶剂,作为空白对照校正仪器零点。

（5）测定:选择长度适宜的旋光管,一般旋光度数小或溶液浓度稀时用较长的旋光管。待测液不够澄明时须过滤。将待测液充满旋光管后,旋上螺帽至不漏水,但不可过紧,否则护片玻璃会产生应力而影响读数。读取数值,重复测定几次,取平均值作为测定结果。

（6）计算比旋光度:测得旋光度后,计算出比旋光度。因同一旋光性物质溶于不同溶剂测得的旋光度可能完全不同,因此必须注明所使用的溶剂。

五、注意事项

（1）配制溶液时要注意天平的使用方法和搅拌溶液的方式。

（2）将溶液注满旋光管,旋上螺帽,两端不能有气泡,螺帽不宜太紧,以免玻璃窗受力而发生双折射,引起误差。

（3）注入溶液后,旋光管及其两端均应擦拭干净方可放入旋光仪。

（4）在测量中应维持溶液温度不变。旋光管的两端经精密磨制,以保证其长度为确定值,使用要十分小心,以防损坏旋光管。

（5）旋光管中溶液不应有沉淀,否则应更换溶液。每次调换溶液,旋光管应清洁:先用蒸馏水荡涤旋光管,然后再用少许将要测试的溶液荡涤,并同上法操作。

（6）实验完毕后务必将所用过的旋光管、烧杯、玻璃棒等用具置于镂空盘中用水冲洗干净,并将糖归置于防潮柜中。

六、思考题

（1）试述测量葡萄糖溶液浓度的基本原理。

（2）什么是旋光现象、比旋光度? 比旋光度与哪些因素有关?

（3）什么叫左旋物质和右旋物质? 如何判断?

第3章　性质实验

实验一　烃类和卤代烃的性质

一、实验目的

(1) 掌握烷烃、烯烃、炔烃、芳烃的化学性质与鉴别方法。

(2) 通过实验进一步认识卤代烃亲核取代反应活性的影响因素。

二、实验原理

(1) 烷烃分子中碳原子的四个价键,都是 C—C 与 C—H 单键,是饱和的,且难以极化,所以烷烃化学性质稳定,在一般情况下不与氧化剂、酸、碱及卤素等作用。但在高温或光照条件下能发生自由基取代反应,如卤代反应生成卤代烃。

烯烃和炔烃分子中分别含有碳碳双键($\diagdown \text{C}=\text{C} \diagup$)和碳碳三键($-\text{C}\equiv\text{C}-$),所以烯烃和炔烃的化学性质比较活泼,容易发生加成反应,例如能与卤素起加成作用,也能与氧化剂作用,如将高锰酸钾和重铬酸钾还原。

另外,炔烃中直接和三键碳原子相连的氢($\text{R}-\text{C}\equiv\text{C}-\text{H}$ 或 $\text{H}-\text{C}\equiv\text{C}-\text{H}$)容易被金属取代,生成炔烃的金属化合物。

(2) 苯是芳香族化合物的母体,苯分子是一个环状闭合共轭体系,这种特殊的结构使其环系稳定、难加成、难氧化、易取代,如可以发生亲电取代反应。另外,芳环侧链的 α-H 比较活泼,可以发生侧链卤代反应和氧化反应。

(3) 卤代烃是烃类的卤素衍生物,C—X 键是主要反应点。

各种卤原子在烃基上的活泼性不一样:R—I＞R—Br＞R—Cl。

检查卤原子往往是用硝酸银的乙醇溶液:$\text{RX}+\text{AgNO}_3\longrightarrow\text{RONO}_2+\text{AgX}\downarrow$。

反应受电子效应和空间效应的影响,活泼性顺序为三级＞二级＞一级;苯甲型和烯丙型特别活泼;乙烯型的卤代烃没有此反应。

有两个或两个以上的卤原子同时连在一个碳原子上的多卤代烃(如 CCl_4),其卤原子的活泼性降低,与硝酸银的乙醇溶液不发生反应。

三、仪器与试剂

(1) 仪器:小试管,酒精灯,滴管,水浴锅,100 mL 烧瓶,导气管。

(2) 试剂:液体石蜡,松节油,苯,甲苯,氯仿,四氯化碳,1-氯丁烷,2-氯丁烷,2-氯-2-甲基丙烷,1-溴丁烷,1-碘丁烷,氯化苄,氯苯,0.5％溴的四氯化碳溶液,0.5％高锰酸钾溶液,10％硝酸银的乙醇溶液,10％氢氧化钠溶液,2％稀氨水,25％硫酸溶液,浓硫酸,浓硝酸,2％硝酸银溶液,电石,铁粉,5％氢氧化钠溶液,稀硝酸,15％碘化钠的无水丙酮溶液。

四、实验步骤

1. 烷烃的化学性质(以液体石蜡为代表)

(1) 卤代反应:取两支小试管,各加液体石蜡 10 滴,再加 0.5％溴的四氯化碳溶液 2 滴,用小木塞塞好振摇,一支放在阳光下,另一支放在暗处,15 min 后,取出作比较。

(2) 氧化反应:取小试管一支,加液体石蜡 10 滴,再加 0.5％高锰酸钾溶液 2 滴,振摇,观察颜色变化。

(3) 稳定性:取两支小试管,各加液体石蜡 10 滴,再分别加浓硫酸 2 滴和浓硝酸 2 滴,振摇,观察现象。

2. 烯烃的化学性质

(1) 与溴的加成:取小试管一支,加松节油 10 滴,加 0.5％溴的四氯化碳溶液 5 滴,振摇,观察颜色变化。

(2) 氧化反应:取小试管一支,加松节油 10 滴,加 0.5％高锰酸钾溶液 5 滴,振摇,观察颜色变化。

3. 乙炔的性质

(1) 氧化反应:取 0.5％高锰酸钾溶液 0.5 mL,通入乙炔。

(2) 与溴的加成反应:取 0.5％溴的四氯化碳溶液 0.5 mL,通入乙炔。

(3) 与银氨溶液反应:取 10％硝酸银的乙醇溶液于一支试管中,加入 10％氢氧化钠溶液 1 滴,再逐滴加入稀氨水至沉淀恰好溶解为止,在此澄清的溶液中通入乙炔。

4. 芳烃的性质

(1) 苯的稳定性:取 0.5％高锰酸钾溶液和 25％硫酸溶液各 0.5 mL,混匀后加入苯 0.5 mL,观察现象。

(2) 硝化反应:取 2 支试管,各加 0.5 mL 浓硝酸和 0.5 mL 浓硫酸,摇匀,制成混合酸。稍冷后,分别慢慢滴加 0.5 mL 苯、甲苯,不断地振摇试管,数分钟后观察有何现象,再将 2 支试管内的反应混合液分别倾入 50 mL 冷水中,观察现象。

(3) 溴代反应:取 2 支试管,各放入 10 滴苯和 10 滴 0.5％溴的四氯化碳溶液。其中一支试管中加入少许铁粉,振荡,观察并比较其结果。必要时可在沸水浴中加热片刻(在通风橱中进行)。

(4) 氧化反应:取 2 支干净的试管,各加 5 滴 0.5％高锰酸钾溶液和 25％硫酸溶液。然后在一支试管中滴加 10 滴苯,另一支中加 10 滴甲苯。用力振摇试管,放在 50～60 ℃的水浴中加热 3～5 min,比较两种芳烃的氧化情况。

5. 卤代烃的性质

(1) 卤代烃的水溶性:取试管 2 支,一支加入氯仿 5 滴,另一支加入四氯化碳 5 滴,然后各加水 1 mL,振摇后,观察是否溶解、比水轻还是比水重。

(2) 与硝酸银作用。

①不同烃基的影响:取 5 支干燥试管,各加入 1 mL 10％硝酸银的乙醇溶液,再滴加以下样品 2～3 滴,观察有无沉淀生成,如无沉淀可在水浴上煮沸片刻,再观察。记录沉淀产生次序。

实验样品:1-氯丁烷,2-氯丁烷,2-氯-2-甲基丙烷,氯化苄,氯苯。

②不同卤原子的影响:取 1 mL 10％硝酸银的乙醇溶液于试管中,滴加 2～3 滴样品。如前操作,观察沉淀生成速率,记录活泼性次序。

实验样品:1-氯丁烷,1-溴丁烷,1-碘丁烷。

(3)与稀碱作用。

①不同烃基的影响:取 10~15 滴样品于试管中,加入 1~2 mL 5%氢氧化钠溶液,振荡后静置,小心取水层数滴加入同体积稀硝酸酸化,然后用 2%硝酸银溶液检查有无沉淀,若无沉淀,可在水浴中小心加热再观察,记录它们的活泼性次序。

实验样品:1-氯丁烷,2-氯丁烷,2-氯-2-甲基丙烷,氯化苄,氯苯。

②不同卤原子的影响:取 10~15 滴样品于试管中,加入 1~2 mL 5%氢氧化钠溶液,振荡后静置,小心取水层数滴,如上法用稀硝酸酸化后,用 2%硝酸银溶液检查,记录活泼性次序。

实验样品:1-氯丁烷,1-溴丁烷,1-碘丁烷。

(4)与碘化钠-丙酮溶液作用:取 2 mL 15%碘化钠的无水丙酮溶液于干燥试管中,加 2~3滴样品,混匀,必要时将试管在 50 ℃左右水浴中加热片刻,记录生成沉淀所需时间。

实验样品:1-氯丁烷,2-氯丁烷,2-氯-2-甲基丙烷。

五、注意事项

(1)乙炔的制备:取电石(即碳化钙)5 g,放置于 100 mL 蒸馏烧瓶中,瓶口上装一滴管(滴管内先装好水),又在瓶的侧管口用橡皮管连接一尖头玻璃管。在需用乙炔时就可由滴管滴入几滴水(注意:水不能加多,因碳化钙分解放出大量的热,瓶子会炸裂!),把产生的气体通入待实验的液体中。

(2)用硝酸银检查游离卤素离子存在前,需加硝酸中和过量的碱,直至溶液呈酸性,以免硝酸银在碱性条件下生成氧化银,影响结果判断。

六、思考题

(1)如何鉴别烷烃、烯烃、炔烃和芳烃?
(2)鉴别不同结构的卤代烃为什么用硝酸银的醇溶液而不是水溶液?
(3)卤原子在不同的反应中,为什么活性总是碘>溴>氯?
(4)卤代烃的水解为什么要在碱性条件下进行? 碱在整个反应中起什么作用?

实验二　醇、酚、醚的性质

一、实验目的

(1)通过实验,进一步掌握醇、酚、醚的性质。
(2)掌握醇、酚、醚的主要鉴别方法。

二、实验原理

1. 醇

(1)低级醇易溶于水,随着烃基的增长,水溶性逐渐减小;多元醇由于分子中羟基增多,水溶性增大,而在有机溶剂中溶解度降低。

(2)醇是中性化合物,不能使石蕊试纸变色,不能与碱生成稳定盐,但容易与金属钠(或钾)反应生成醇钠(钾)。反应活性次序是 $CH_3OH>1°$ 醇$>2°$ 醇$>3°$ 醇。

$$2ROH + 2Na \longrightarrow 2RONa + H_2 \uparrow$$

醇钠是白色固体,遇水即水解生成醇与氢氧化钠。

$$RONa + H_2O \longrightarrow ROH + NaOH$$

(3) 由于受羟基的影响,α-H 活性增大,容易被氧化,因此伯、仲醇都能被氧化生成醛、酮或酸,而叔醇 α-C 上没有 H,很难被氧化。

$$RCH_2OH \xrightarrow{[O]} RCHO \xrightarrow{[O]} RCOOH$$

$$\begin{array}{c} R \\ | \\ CHOH \\ | \\ R \end{array} \xrightarrow{[O]} \begin{array}{c} R \\ | \\ C=O \\ | \\ R \end{array}$$

(4) 醇类在少量浓硫酸存在时,能与有机酸生成酯。

$$\underset{\text{乙酸}}{CH_3\overset{O}{\overset{\|}{C}}-O-H} + \underset{\text{乙醇}}{HO-CH_2CH_3} \underset{}{\overset{H^+}{\rightleftharpoons}} \underset{\text{乙酸乙酯}}{CH_3\overset{O}{\overset{\|}{C}}-OCH_2CH_3} + H_2O$$

(5) 醇与氢卤酸作用生成相应的卤代烃,其反应速率与氢卤酸的性质及醇的结构有关,氢卤酸的活泼顺序为 HI>HBr>HCl,醇的活泼顺序为三级>二级>一级。常用卢卡斯(Lucas)试剂来鉴别不同结构的醇。

$$ROH \xrightarrow{ZnCl_2/\text{浓 } HCl} RCl$$

(6) 多元醇羟基数目增多,羟基中氢的解离度增大,酸性增强,能和金属氢氧化物反应生成类似盐的化合物。例如,有邻二醇结构的多元醇和氢氧化铜作用生成能溶于水、呈绛蓝色的配合物。

$$2\begin{array}{c} CH_2-OH \\ | \\ CH-OH \\ | \\ R \end{array} + Cu(OH)_2 \longrightarrow \left[\begin{array}{c} CH_2-O \qquad O-CH_2 \\ \qquad\quad Cu \\ CH-O \qquad O-CH \\ | \qquad\qquad\quad | \\ R \qquad\qquad\quad R \end{array}\right]^{2-} + 2H_2O + 2H^+$$

2. 酚

(1) 酚羟基氧上的孤对电子同苯环形成 p,π-共轭体系,增大了氧氢键的极性,使氢易以质子的形式解离,故显弱酸性,能与氢氧化钠作用成盐,酚盐可溶于水。酚的酸性弱于碳酸。

因为酚羟基部分类似于水,容易与水结合,所以酚类在水中均有一定的溶解度。

(2) 酚类一般能与三氯化铁发生反应,产生解离度很大的配合物而显色,该反应常用于酚羟基的鉴别。

一些在水中溶解度很小的酚类,其水溶液与三氯化铁无显色反应,但在醇溶液中与三氯化铁有显色反应。

(3) 羟基氧上的孤对电子对苯环的 p,π-共轭效应增大了苯环上的电子云密度,使之容易发生亲电取代反应。

$$6Ph-OH + Fe(OH)_3 \longrightarrow H_3[Fe(PhO)_6] + 3H_2O$$

(4) 酚类易于被氧化成有颜色的醌类化合物。

$$\text{OH} \xrightarrow{[O]} \text{O=}\bigcirc\text{=O}$$

3. 醚

(1)乙醚在储存过程中或在空气中,可慢慢被氧化生成过氧化物,它极易挥发又不很稳定,受热会发生猛烈爆炸,蒸馏时比较危险,因此久贮的乙醚在使用前须检查过氧化物。过氧化物具有氧化性,可氧化 KI 中的 I^- 成 I_2 游离析出,碘溶于乙醚显黄色或棕色,常可用此法检查乙醚中过氧化物的存在。

(2)醚能和冷的浓强酸作用生成𨧀盐,𨧀盐不稳定,遇水分解为原来的醚和酸。

三、仪器与试剂

(1)仪器:小试管,表面皿,滴管,玻璃棒,水浴锅,石蕊试纸。

(2)试剂:乙醇,异丙醇,正丁醇,仲丁醇,叔丁醇,甘油,乙二醇,苯酚饱和水溶液,对硝基苯酚水溶液,乙醚,金属钠,1%重铬酸钾溶液,浓硫酸,0.1%高锰酸钾溶液,冰乙酸,10%碳酸钠溶液,10%氢氧化钠溶液,10%硫酸铜溶液,溴水,盐酸-氯化锌试剂,2%三氯化铁试液,1%碘化钾溶液,1%盐酸。

四、实验步骤

1. 醇的性质

(1)醇钠的生成和水解。

取正丁醇 15 滴,放置于干燥试管中,加入一小粒(已切去外层氧化钠)似绿豆大小、光亮的金属钠,仔细观察有何现象发生。待金属钠全部消失后,将溶液倒在表面皿上,在水浴上蒸发到有固体析出。

将所得固体加 0.5 mL 水,观察有无油状物出现,并以红色石蕊试纸试之。

(2)氧化作用。

取1%重铬酸钾溶液 0.5 mL,加 1 滴浓硫酸,摇匀后加样品 3~4 滴振摇,有什么现象? 在水浴上微热,观察现象,并记录。

取 0.1%高锰酸钾溶液 1 mL,加样品 3~4 滴振摇后,观察现象。水浴上微热,观察现象,并记录。

实验样品:乙醇,异丙醇和叔丁醇。

(3)酯化作用。

取乙醇 10 滴于一支试管中,加冰乙酸 5 滴及浓硫酸 1 滴,混合均匀,微热,嗅其气味,再滴加 10%碳酸钠溶液约 1 mL,以中和过剩的乙酸,再嗅其气味与前有何不同。

(4)与盐酸-氯化锌试剂作用(卢卡斯反应)。

取样品 10 滴于干燥试管中,沿管壁小心加入 20 滴盐酸-氯化锌试剂,不要振摇,塞好试管,放于 60 ℃左右的水浴中微热,观察反应物是否变混浊及有无分层现象,比较三者的反应速度。

实验样品:正丁醇,仲丁醇,叔丁醇。

(5)与氢氧化铜的作用。

取 3 mL 10%氢氧化钠溶液,加入 5 滴 10%硫酸铜溶液,再加入 5 滴样品,振摇,观察现象。

实验样品:甘油,乙二醇,乙醇。

2. 酚的化学性质

（1）酚的弱酸性。

取 4 mL 苯酚-水混浊体系，用玻璃棒蘸 1 滴于 pH 试纸上测试其酸碱性。再将上述液体一分为二，一份做对照，另一份中逐滴加入 10％氢氧化钠溶液，边加边摇，直至溶液变清。

（2）氧化反应。

取苯酚饱和水溶液 1 mL，在试管中加入 1％重铬酸钾溶液 2 滴、浓硫酸 1 滴，振摇后观察现象。

（3）溴水反应。

取苯酚、对硝基苯酚水溶液各 0.5 mL，分别在试管中加溴水 3～5 滴，注意变化。

（4）三氯化铁反应。

取苯酚和对硝基苯酚水溶液各 1 mL，在试管中加 1 mL 水，再分别加入 2％三氯化铁试液 1～2 滴，注意观察变化。

3. 醚的化学性质

（1）乙醚与酸的作用（锌盐的生成）。

取浓硫酸 2 mL 放入试管内，把试管放在冰水中冷却到 0 ℃后，小心加入冷却过的乙醚约 1 mL，观察并嗅其气味。

然后将试管内的液体缓慢倒入盛有 5 mL 冰水的另一试管中，倒时也要加以振摇和冷却，观察现象，嗅其气味，并说明上述现象产生的原因。

（2）检验乙醚中是否含有过氧化乙醚。

取两支试管，分别加入纯乙醚和含过氧化物的乙醚 10 滴，各加 1％碘化钾溶液 2 滴、1％盐酸 2 滴，振摇后观察现象。

五、注意事项

（1）与金属钠反应所用样品必须纯净而不含水分，否则水与酸等杂质也会与金属钠反应而得不到正确结果。如果反应停止后溶液中有残余的钠，应该先用镊子将钠取出放在无水乙醇中破坏，然后加水。否则，金属钠遇水反应剧烈，不但影响实验结果，而且不安全。

（2）醇与卢卡斯试剂反应所用的试管应干燥，反应时应将试管加塞，以防空气中水分进入，影响实验结果。

（3）苯酚对皮肤有很强的腐蚀性，使用时应特别小心，如不慎触及皮肤，应立即用乙醇擦洗。

（4）往硫酸中加乙醚时应分次加入，一次加入的量不宜太多，同时应随时振荡，使乙醚与硫酸能充分接触，由于反应时放热，为了避免乙醚受热时逸出，应时常冷却。

（5）将锌盐硫酸液加入水中，不可加反，而且应慢慢加入，边加边冷却。

六、思考题

（1）正丁醇与金属钠的反应为何要用干燥试管？

（2）六个碳以上的伯、仲、叔醇能否用卢卡斯试剂鉴别？

（3）用乙醚做实验时应注意哪些问题？

实验三　醛、酮的性质

一、实验目的

(1) 通过实验进一步掌握醛、酮类化合物的性质。
(2) 掌握醛、酮的鉴别方法。

二、实验原理

1. 亲核加成反应

醛和酮都含有羰基,易发生亲核加成反应。亲核加成难易不仅与试剂的亲核性有关,也与羰基化合物的结构有关,羰基碳上正电性越大,空间位阻越小,越容易发生亲核加成反应。因此,常利用不同结构醛、酮的亲核加成反应活性差异,分离和鉴别不同结构的醛、酮。

醛和酮都能与氨的衍生物,如 2,4-二硝基苯肼发生加成反应,生成腙结晶析出。

$$\underset{(R')H}{\overset{R}{C}}{=}O + H_2N-NH-\underset{NO_2}{\overset{NO_2}{\bigcirc}} \longrightarrow \underset{(R')H}{\overset{R}{C}}{=}N-NH-\underset{NO_2}{\overset{NO_2}{\bigcirc}}$$

醛和一些脂肪族甲基酮可以与饱和的亚硫酸氢钠溶液作用,生成结晶的加成产物。

$$R-\overset{O}{\overset{\|}{C}}-H(CH_3) + NaHSO_3 \longrightarrow R-\underset{SO_3Na}{\overset{OH}{\underset{|}{C}}}-H(CH_3)$$

2. α-H 反应(碘仿反应)

乙醛和甲基酮在碱性碘溶液中,α-C 上的氢被碘取代,能发生碘仿反应。具有 $CH_3-\overset{OH}{\underset{|}{CH}}-$ 结构的醇类在此条件下可被氧化生成羰基化合物,进而发生碘仿反应。

$$CH_3-\overset{O}{\overset{\|}{C}}-R(H) \xrightarrow{I_2/NaOH} CI_3-\overset{O}{\overset{\|}{C}}-R(H)$$

$$CI_3-\overset{O}{\overset{\|}{C}}-R(H) + NaOH \longrightarrow NaO-\overset{O}{\overset{\|}{C}}-R(H) + HCI_3$$

$$CH_3-\overset{OH}{\underset{|}{CH}}-R(H) \xrightarrow{I_2/NaOH} CH_3-\overset{O}{\overset{\|}{C}}-R(H) \xrightarrow{I_2/NaOH} NaO-\overset{O}{\overset{\|}{C}}-R(H) + HCI_3$$

3. 氧化反应

醛和酮最大的区别就是对氧化剂的敏感性不同。醛易被弱氧化剂如托伦(Tollens)试剂氧化,产生银镜现象,脂肪醛可被费林(Fehling)试剂氧化,生成氧化亚铜沉淀;酮则不能被弱氧化剂氧化。可以利用这一特性来区别醛和酮。

$$R-\overset{\overset{\displaystyle O}{\|}}{C}-H \ +2[Ag(NH_3)_2]OH+2H_2O \longrightarrow RCOONH_4+2Ag+3NH_4OH$$

银镜

$$R-\overset{\overset{\displaystyle O}{\|}}{C}-H \ +2\ \text{（酒石酸铜络合物）}\ Cu+2H_2O\longrightarrow 2\ \text{（酒石酸钾钠）}\ +\ R-\overset{\overset{\displaystyle O}{\|}}{C}-OH\ +Cu_2O$$

砖红色

4. 与希夫试剂（又称席夫试剂）反应

醛与品红亚硫酸试剂（希夫试剂）反应，立即变红色，酮通常不起这种反应。甲醛所显的颜色加硫酸后不消失，而其他醛所显的颜色加硫酸后则褪去。

$$\left(H_2N-\!\!\!\bigcirc\!\!\!-\right)_2 C=\!\!\!\bigcirc\!\!\!=NH_2Cl \ +3H_2SO_3\xrightarrow{-2H_2O}$$

品红（红色）

$$H_3N-\!\!\!\bigcirc\!\!\!-\overset{\overset{\displaystyle}{|}}{\underset{\underset{\displaystyle SO_3H}{|}}{C}}\!\!\left(-\!\!\!\bigcirc\!\!\!-NHSO_2H\right)_2 Cl$$

希夫试剂（无色）

$$\xrightarrow[-H_2SO_3]{2RCHO} H_2N=\!\!\!\bigcirc\!\!\!=C\left(-\!\!\!\bigcirc\!\!\!-NHSO_2\cdot\overset{\overset{\displaystyle OH}{|}}{\underset{\underset{\displaystyle R}{|}}{CH}}\right)_2 Cl$$

加成物（紫红色）

三、仪器与试剂

（1）仪器：小试管，表面皿，滴管，玻璃棒，水浴锅。

（2）试剂：甲醛，乙醛，丙酮，乙醇，异丙醇，正丁醇，苯甲醛，苯乙酮，2,4-二硝基苯肼试剂，饱和亚硫酸氢钠溶液，碘-碘化钾溶液，5％硝酸银溶液，10％氢氧化钠溶液，2％氨水，10％硫酸铜溶液，碱性酒石酸钾钠溶液，品红亚硫酸试剂。

四、实验步骤

1. 亲核加成反应

（1）与 2,4-二硝基苯肼反应。

取 4 支试管，各加入 2,4-二硝基苯肼试剂 1 mL，分别滴加样品 2 滴，稍加振摇，放置片刻，观察现象。

实验样品：乙醛，丙酮，苯甲醛，苯乙酮。

（2）与亚硫酸氢钠反应。

在试管中，加入饱和亚硫酸氢钠溶液 1 mL，滴加样品 2 滴，剧烈振摇，用玻璃棒摩擦试管壁，观察是否有白色结晶生成。

实验样品:乙醛,丙酮,苯甲醛,苯乙酮。

2. 碘仿反应

取样品 5 滴加入试管中,加碘-碘化钾溶液 20 滴,再滴加 10% 氢氧化钠溶液到反应混合物的颜色褪去为止,嗅其气味并观察现象。(如无沉淀产生,则在 60 ℃水浴中加热几分钟,放冷后再观察)

实验样品:甲醛,乙醛,丙酮,乙醇,异丙醇,正丁醇。

3. 醛的氧化反应

(1) 与托伦试剂反应(银镜反应)。

将新配制的托伦试剂分成四份,装在 4 支试管中,分别加入样品各 2 滴,放在 50~60 ℃水浴中加热几分钟,观察现象。

实验样品:甲醛,乙醛,苯甲醛,丙酮。

(2) 与费林试剂反应。

取费林试剂甲和乙各 10 滴,混合均匀后加样品 5 滴,热水浴中加热几分钟,观察现象。

样品:甲醛,乙醛,苯甲醛,丙酮。

4. 与希夫试剂反应

取希夫试剂 10 滴,加入 2~3 滴样品,观察现象,然后滴加硫酸 5~6 滴,振摇后观察现象。

样品:甲醛,乙醛,苯甲醛,丙酮。

五、注意事项

(1) 亚硫酸氢钠的加成反应中,如无沉淀析出,可用玻璃棒摩擦试管内壁或加 2~3 mL 乙醇并摇匀,静置 2~3 min,再观察现象。

(2) 要得到漂亮的银镜,与试管是否干净有很大关系。所用试管最好依次用硝酸、水和 10% 氢氧化钠溶液洗涤,再用自来水和蒸馏水淋洗。

(3) 托伦试剂为银氨溶液,长久放置会析出氧化银黑色沉淀,它在受震动时易分解而发生爆炸,因此银氨溶液必须临时配制,在做完实验后,必须加浓硝酸煮沸破坏。

(4) 费林试剂为碱性酒石酸钾钠铜溶液,由硫酸铜溶液(甲)、酒石酸钾钠和氢氧化钠的水溶液(乙)组成,须在临用前混合。

六、思考题

(1) 哪些物质能与饱和亚硫酸氢钠溶液作用产生结晶?

(2) 碘仿反应可鉴别具有何种结构的物质?

(3) 怎样鉴别甲醛、乙醛、丙酮?

实验四　羧酸及其衍生物的性质

一、实验目的

通过实验,进一步掌握羧酸和羧酸衍生物的性质。

二、实验原理

1. 羧酸

（1）酸性：羧基上的氢容易解离而显酸性，可与碱中和生成羧酸盐，不同羧酸的酸性强弱不同。

（2）羧酸衍生物的生成：羧酸的羟基能被多种原子或原子团取代，生成酰卤、酯、酰胺和酸酐等。

（3）氧化：羧酸一般不能被氧化，但有些特殊结构的羧酸（如甲酸、草酸等）可被氧化；另外 α-羟基酸中的羟基比醇中的羟基易被氧化，如酒石酸能被托伦试剂氧化。

$$HCOOH \text{ 或 } H_2C_2O_4 \xrightarrow{[O]} H_2CO_3$$

$$\begin{array}{c} COOH \\ | \\ CHOH \\ | \\ CHOH \\ | \\ COOH \end{array} \xrightarrow{[O]} \begin{array}{c} COOH \\ | \\ C-OH \\ \| \\ C-OH \\ | \\ COOH \end{array}$$

（4）脱羧：草酸、丙二酸加热可发生脱羧反应生成 CO_2，可用石灰水加以检验。

2. 羧酸衍生物

（1）亲核取代反应：分子中都含有酰基，可发生水解、氨解、醇解等反应，反应活性顺序为酰卤＞酸酐＞酯＞酰胺。

（2）异羟肟酸铁反应：酯可以发生异羟肟酸铁反应，产生酒红色的异羟肟酸铁，由此可将酯类化合物与其他天然化合物区别开来。酰卤、酸酐与羟胺作用，也可生成异羟肟酸，所以也有同样的颜色反应。

$$\begin{array}{c} O \\ \| \\ R-C-OR' \end{array} + H_2NOH \longrightarrow \begin{array}{c} O \\ \| \\ R-C-NHOH \end{array} + R'OH$$

$$3R-\overset{\overset{\displaystyle O}{\|}}{C}-NHOH + FeCl_3 \longrightarrow [R-\overset{\overset{\displaystyle O}{\|}}{C}-NHO]_3Fe + 3HCl$$

3. 乙酰乙酸乙酯

乙酰乙酸乙酯有酮式、烯醇式两种异构体，它们可以互相转变达到动态平衡。

$$\underset{\text{酮式}}{CH_3-\overset{\overset{\displaystyle O\cdots H}{\|}}{C}-CH-\overset{\overset{\displaystyle O}{\|}}{C}-OC_2H_5} \rightleftharpoons \underset{\text{烯醇式}}{CH_3-\overset{\overset{\displaystyle OH}{|}}{C}=CH-\overset{\overset{\displaystyle O}{\|}}{C}-OC_2H_5}$$

如果其中一个异构体因参与某项反应而减少，则平稳地向着生成此异构体方向移动。例如：乙酰乙酸乙酯溶液中滴加三氯化铁溶液，则有紫红色出现，这表明分子中含有烯醇的结构；若在此溶液中加入溴水，则紫色消失，这表明溴水从双键处起了加成作用，而使烯醇的结构消失；但稍待片刻，紫红色又重复出现，这是因为酮式的乙酰乙酸乙酯又有一部分转变为烯醇式。乙酰乙酸乙酯与 2,4-二硝基苯肼能起加成反应，生成苯腙，这表明分子中有酮式的酮羰基存在。

三、仪器与试剂

(1) 仪器:小试管,大试管,导气管,酒精灯,试管夹,铁架台,刚果红试纸。

(2) 试剂:苯甲酸,甲酸,乙酸,乳酸,2%酒石酸溶液,草酸,苯胺,乙酸酐,乙酰氯,乙酸乙酯,乙酰乙酸乙酯溶液,无水乙醇,10%NaOH 溶液,10%盐酸,0.5%高锰酸钾溶液,浓硫酸,1%硝酸银溶液,6 mol·L^{-1}氨水,1%三氯化铁溶液,饱和溴水,饱和石灰水,2,4-二硝基苯肼,20%碳酸钠溶液,1 mol·L^{-1}盐酸羟胺甲醇溶液,2 mol·L^{-1}氢氧化钾甲醇溶液。

四、实验步骤

1. 羧酸的性质

(1) 酸性。

①将甲酸、乙酸各 5 滴及草酸 0.2 g 分别溶于 2 mL 水中,然后用洗净的玻璃棒分别蘸取相应的酸液在同一条刚果红试纸上画线,比较各线条的颜色和深浅程度。

②取 0.2 g 苯甲酸晶体加入盛有 1 mL 水的试管中,振荡,观察现象;加入 10% NaOH 溶液数滴,边加边振摇,观察沉淀是否溶解。然后再加 10%盐酸数滴,振荡,观察现象。

(2) 羧酸衍生物(酯)的生成:取乙醇 10 滴于试管中,加冰乙酸 5 滴及浓硫酸 1 滴,混合均匀,微热,嗅其气味,再滴加 20%碳酸钠溶液约 1 mL,以中和过剩的乙酸,再嗅其气味与前有何不同。

(3) 氧化反应。

①取样品 0.2 mL 放在试管中,再加 1 mL 0.5%高锰酸钾溶液及 2 滴浓硫酸,注意其颜色变化,如不立即发生反应,可加热煮沸,观察现象,比较反应速率。

实验样品:甲酸,乙酸,乳酸,草酸。

②取 2%酒石酸溶液 10 滴,加 10% NaOH 溶液至溶液呈碱性,再加 3 滴 1%硝酸银溶液,产生灰色沉淀,滴加 6 mol·L^{-1}氨水至沉淀刚好溶解。60~70 ℃水浴加热,观察现象。

(4) 脱羧反应:在装有导气管的干燥硬质大试管中,放入固体草酸少许,将试管稍微倾斜,夹在铁架台上,将导气管插入另一盛有饱和石灰水的小试管中,然后加热,观察石灰水的变化。

2. 羧酸衍生物的性质

(1) 亲核取代反应。

①水解反应。

取 3~5 滴乙酰氯,加至盛有 1 mL 水的试管中,观察现象。然后加入 2 滴 1%硝酸银溶液,观察沉淀生成。

取 3~5 滴乙酸酐,加至盛有 1 mL 水的试管中,先不振摇,观察现象后再振摇,如仍不溶解,可稍许加热。

② 醇解反应。

取 1 mL 无水乙醇于干燥试管中,沿管壁慢慢滴加 10 滴乙酰氯(如反应过于剧烈可将试管插入冷水中)。加 2 mL 水,用 20% 碳酸钠溶液中和,嗅其气味。

取 1 mL 无水乙醇于干燥试管中,加入 0.5 mL 乙酸酐,振摇,水浴加热至沸,并以 10% NaOH 溶液调至弱碱性,观察现象,并嗅其气味。

③氨解反应。

取 5 滴苯胺于干燥试管中,慢慢加入 5 滴乙酰氯,观察现象。稍后,加入 5 mL 水,观察现象。

取 5 滴苯胺于干燥试管中,慢慢加入 10 滴乙酸酐,混合,加热至沸,冷却后加入 2 mL 水,观察现象。

(2) 异羟肟酸铁反应。

取 0.5 mL 的 1 mol·L⁻¹ 盐酸羟胺甲醇溶液于试管中,加样品 1 滴,摇匀后加 2 mol·L⁻¹ 氢氧化钾甲醇溶液使之呈碱性。加热煮沸,冷却后加稀盐酸使之呈弱酸性,再滴 2～3 滴 1‰ 三氯化铁溶液,观察其现象。

实验样品:乙酸乙酯,乙酸酐。

3. 乙酰乙酸乙酯的性质

取 10 滴 2,4-二硝基苯肼,加入乙酰乙酸乙酯溶液 2～3 滴,振摇,观察现象。

取乙酰乙酸乙酯溶液 5 滴,再加入 1‰ 三氯化铁溶液 1 滴,振摇,观察变化。在此溶液中加入饱和的溴水 2～3 滴,观察颜色变化。稍待片刻,溶液的颜色又有什么变化?

五、思考题

(1) 甲酸、乙酸、草酸中,哪一个酸性最强? 为什么?

(2) 用托伦试剂可以鉴别醛和羧酸,这一说法是否正确?

(3) 甲酸和草酸为什么具有还原性?

(4) 酰卤和酸酐的醇解实验中,为何要用无水乙醇?

(5) 比较酰卤和酸酐的水解、醇解、氨解的反应活性。

实验五　胺和酰胺的性质

一、实验目的

掌握脂肪胺、芳香胺和酰胺的性质和鉴别方法。

二、实验原理

(1) 胺的碱性:胺是一类碱性有机化合物。这是因为胺的氮原子上有孤对电子,可以接受质子形成盐。其碱性大小取决于电子效应、溶剂化效应和空间效应。一般情况下,脂肪胺的碱性大于芳香胺。

(2) 酰化:伯胺和仲胺分子中氮原子上连有氢原子,可与酰卤、酸酐发生酰化反应,叔胺则不能。可利用磺酰化反应来区别伯、仲、叔胺。

(3) 芳香胺与亚硝酸作用:伯胺在酸性和低温条件下,发生重氮化反应,仲胺生成 N-亚硝基胺,叔胺与亚硝酸作用,反应发生在苯环上,生成对亚硝基化合物。芳香伯、仲、叔胺产生的反应及现象不同,可用于鉴别。

(4) 季铵盐的生成:叔胺与卤代烃作用可生成季铵盐。

(5) 苯胺的亲电取代反应:氮原子上的孤对电子和苯环形成 p,π-共轭,使苯环上电子云密度增大,易发生亲电取代反应,形成多取代芳香胺。

(6) 酰胺的水解:酰胺易水解生成相应的酸和胺(或氨),酸碱的存在可加速反应,并生成不同的产物。

三、仪器与试剂

(1) 仪器:小试管,表面皿,滴管,玻璃棒,水浴锅,pH 试纸。

(2) 试剂:二乙胺,苯胺,N-甲基苯胺,N,N-二甲基苯胺,乙酰胺,溴水,10%氢氧化钠溶液,苯磺酰氯,10%盐酸,浓盐酸,10%亚硝酸钠溶液,碘甲烷,10%硫酸。

四、实验步骤

(1) 胺的碱性:取 2 支试管,分别加入 1 滴二乙胺、苯胺,各加入 0.5 mL 水,用 pH 试纸试之,比较其碱性强弱。

在上面的苯胺乳浊液中,滴加 1~2 滴浓盐酸,振荡后观察现象。

(2) 磺酰化反应:分别取 0.5 mL 苯胺、N-甲基苯胺、N,N-二甲基苯胺于试管中,各加 5 mL 10%氢氧化钠溶液和 10 滴苯磺酰氯,塞住管口用力振摇 3 min,拿下塞子,在水浴中温热至苯磺酰氯气味消失为止,冷却溶液,用氢氧化钠溶液调至溶液呈碱性,观察现象。再用盐酸调至酸性,观察现象。

(3) 与亚硝酸作用:取 3 支试管,分别加入 0.5 mL 苯胺、N-甲基苯胺、N,N-二甲基苯胺,各加 15 滴浓盐酸和 15 滴水,用冰水冷却,再各滴加已冷却的 10%亚硝酸钠溶液 1 mL,边加边摇,并注意冷却,观察现象。

(4) 季铵盐的生成:在干燥试管中加入 4 滴 N,N-二甲基苯胺,再加 6 滴碘甲烷,振摇,塞住管口,放置约 20 min,观察现象。加水后观察晶体溶解情况。

(5) 溴代反应:取 1 滴苯胺,加 2 mL 水溶解,滴加溴水,观察现象。

(6) 酰胺的水解:取 2 支试管,分别加 0.1 g 乙酰胺,一支加 1 mL 10%硫酸,另一支加 1 mL 10%氢氧化钠溶液,加热至微沸,嗅其气味。

五、注意事项

苯胺在水中的溶解度较小,加入水中后要充分振摇分散成乳浊液才能测其碱性。

六、思考题

(1) 二乙胺和苯胺的碱性何者较强? 如何解释?

(2) 若用脂肪胺与亚硝酸反应,其现象和芳香胺与亚硝酸反应有什么差别?

(3) 如何用化学方法区别苯胺和苯酚?

实验六　糖 的 性 质

一、实验目的

掌握糖类物质的性质和鉴别方法。

二、实验原理

鉴别糖类物质的定性反应是 Molish 反应,即在浓硫酸作用下,糖与 α 萘酚缩合生成紫色环。

酮糖能与间苯二酚-浓盐酸作用而很快显色,此反应称为西里瓦诺夫(Seliwanoff)实验;醛糖无此特性,故可用这一反应区别醛糖和酮糖。

糖通常分为单糖、低聚糖和多糖,又可分为还原糖和非还原糖。

还原糖含有半缩醛(酮)的结构,能被费林试剂、班氏(Benedict)试剂和托伦试剂氧化,具有还原性;非还原糖不能被以上试剂氧化,没有还原性。常见的单糖一般为还原糖,而低聚糖有些是还原糖,有些是非还原糖,多糖是非还原糖。

此外,用糖脎生成的时间、晶形以及糖类物质的比旋光度等鉴定糖类物质都具一定的意义。

淀粉易与碘反应生成深蓝色的溶液,这是鉴定淀粉的一种很灵敏的方法。

多糖是由很多个单糖缩合而成的,它不具有单糖的性质,但经彻底水解后,就具有单糖的性质。

三、仪器与试剂

(1) 仪器:小试管,滴管,玻璃棒,水浴锅,显微镜。

(2) 试剂:葡萄糖,果糖,蔗糖,麦芽糖,淀粉,10% α-萘酚的乙醇溶液,浓硫酸,稀硫酸,间苯二酚-盐酸溶液,5%硝酸银溶液,2%氨水,10%硫酸铜溶液,碱性酒石酸钾钠溶液,10%氢氧化钠溶液,10%苯肼试剂,碘-碘化钾溶液。

四、实验步骤

(1) Molish 实验:取 3 支试管,分别加入 0.5 mL 5%样品溶液,各加 2 滴 10% α-萘酚的乙醇溶液,混合均匀后把试管倾斜 45°,沿管壁慢慢加入 1 mL 浓硫酸(勿摇动),硫酸在下层,试液在上层,看两液面交界处是否出现紫色环。

实验样品:葡萄糖,蔗糖,淀粉。

(2) 西里瓦诺夫实验:取 3 支试管,分别加入 1 mL 5%样品溶液,各加间苯二酚-盐酸溶液 2 mL,混匀,在沸水浴上加热 1~2 min,观察颜色有何变化。

实验样品:葡萄糖,果糖,蔗糖。

(3) 费林实验:取 5 支试管,分别加入费林试剂甲和乙各 10 滴,摇匀,分别加入 5%样品溶液 10 滴,于水浴中微热后,注意颜色的变化,观察是否有沉淀析出。

实验样品:葡萄糖,果糖,蔗糖,麦芽糖,淀粉。

(4) 托伦实验:取 5 支试管,分别加入 1 mL 托伦试剂和 0.5 mL 5%样品溶液,在 50 ℃水浴中温热,观察现象。

实验样品:葡萄糖,果糖,蔗糖,麦芽糖,淀粉。

(5) 糖脎的生成:取 1 mL 5%样品溶液于试管中,加入 1 mL 10%苯肼试剂,在沸水浴中加热并不断振摇,比较产生糖脎的速率,记录糖脎生成的时间,并在显微镜下观察糖脎的晶形。

实验样品:葡萄糖,果糖,蔗糖,麦芽糖。

(6) 淀粉的水解及性质。

水解:取 3 mL 5%淀粉溶液于试管中,加入 0.5 mL 稀硫酸,于沸水浴中加热 5 min,冷却后用 10%氢氧化钠溶液中和。

水解液的还原性:取此溶液 5 滴与费林试剂作用,观察现象。

与淀粉的反应:取 10 滴上述的水解液及 1%淀粉溶液分置于 2 支试管中,各加 1 滴碘试液,观察现象。

五、注意事项

(1) Molish 反应中,加 α-萘酚后应将反应体系充分振摇,使混合均匀,而加入硫酸要小心沿试管壁加入,切勿振摇。

(2) 淀粉的水解要充分,否则水解液中残余的淀粉可与碘液显色而影响实验现象。

六、思考题

(1) 在糖类的还原性实验中,蔗糖与托伦试剂等长时间加热时,有时也得阳性结果,如何解释此现象?

(2) 如何鉴别葡萄糖、果糖、蔗糖和淀粉?

第4章　制备实验

实验一　环己烯的制备

一、实验目的

（1）学习用浓磷酸催化环己醇脱水制取环己烯的原理和方法。

（2）初步掌握分馏和蒸馏的基本操作技能。

（3）掌握有机化合物制备产物的产率的计算方法。

二、实验原理

环己醇通常可用浓磷酸或浓硫酸作催化剂[1]脱水制备环己烯，本实验以浓磷酸为脱水剂制备环己烯。

三、仪器与试剂

（1）仪器：蒸馏装置，分馏装置，分液漏斗，锥形瓶。

（2）试剂：环己醇，磷酸（85％），氯化钠，碳酸钠溶液（5％），无水氯化钙，沸石。

（3）主要试剂物理参数（表 4-1）。

表 4-1　主要试剂物理参数

名称	相对分子质量	折光率	相对密度	熔点/℃	沸点/℃	溶解度/[g·(100 mL)$^{-1}$]		
						水	醇	醚
环己醇	100	1.4648	0.9624	25.2	161	微溶	∞	∞
环己烯	82	1.4465	0.8098	−103.65	83.19	不溶	∞	∞

四、实验步骤

在 50 mL 干燥的圆底烧瓶中，加入 10 g 环己醇（10.4 mL，约 0.1 mol）、4 mL 浓磷酸（或 2 mL 浓硫酸）和数粒沸石，充分振荡使之混合[2]。安装分馏装置，分馏柱为短分馏柱（或改用两球分馏柱）。用 50 mL 锥形瓶作接收器，置于冰水浴中。

用小火加热混合物至沸腾，控制分馏柱顶部馏出的温度不超过 90 ℃[3]，慢慢地蒸出生成的环己烯和水（混浊液体）[4]。当无液体蒸出时，可把火加大。当烧瓶中只剩下很少的残渣并出现阵阵白雾时，即可停止加热。全部蒸馏时间约为 1 h。

将馏出液体用约 1 g 氯化钠饱和，然后加入 3～4 mL 5％碳酸钠溶液（或用约 0.5 mL

20％氢氧化钠溶液)中和微量的酸。将此液体倒入小分液漏斗中,振荡后静置分层。放出下层的水层,上层的粗产品转入干燥的小锥形瓶中,加入 1～2 g 无水氯化钙干燥[5]。将干燥后的粗环己烯(溶液应清亮透明)滤入 50 mL 蒸馏烧瓶中,加入几粒沸石后用水浴加热蒸馏[6],用干燥的小锥形瓶收集 80～85 ℃的馏分。称重,计算产率。

产量为 3.8～4.6 g(产率[7]为 46％～56％)。

五、注意事项

[1] 脱水剂可以是磷酸或硫酸。磷酸的用量必须是硫酸的 2 倍以上,但它比硫酸有明显的优点:一是不产生炭渣;二是不产生难闻气味(用硫酸易生成 SO_2 副产物)。

[2] 由于环己醇在常温下是黏稠状液体,当用量筒量取(约 12 mL)时应注意转移中的损失,可用称量法。若用硫酸,环己醇与硫酸应充分混合,否则,在加热过程中可能局部炭化。

[3] 最好用油浴加热,使蒸馏烧瓶受热均匀。因为反应中环己烯与水形成共沸物(沸点为70.8 ℃,含水 10％),环己醇与环己烯形成共沸物(沸点为 64.9 ℃,含环己醇30.5％),环己醇与水形成共沸物(沸点为 97.8 ℃,含水 80％),所以温度不可过高,蒸馏速度不宜过快,以 2～3 s 1 滴为宜,减少未作用的环己醇蒸出量。

[4] 在收集和转移环己烯时,最好保持充分冷却,以免因挥发而损失。

[5] 水层应分离完全,否则,将达不到干燥的目的。若水浴加热蒸馏时,80 ℃以下已有多量液体馏出,可能是干燥不够完全所致(氯化钙用量过少或放置时间不够),应将这部分产物重新干燥并蒸馏。用无水氯化钙干燥粗产物,还可除去少量未反应的环己醇。

[6] 在蒸馏已干燥产物时,蒸馏所用仪器均须干燥。

[7] 在有机制备中,率率的计算公式如下:

$$产率 = \frac{实际产量}{理论产量} \times 100\%$$

理论产量是指根据反应方程式,原料全部转变为产物时的数量(忽略损失)。实际产量简称为产量,是指实验中得到的纯品的数量。

六、思考题

(1) 在制备过程中,为什么要控制分馏柱顶端的温度?

(2) 在粗制的环己烯中,加入精盐使水层饱和的目的是什么?

(3) 如用油浴加热,要注意哪些问题?

(4) 在蒸馏过程中的阵阵白雾是什么?

实验二　对二叔丁基苯的制备

一、实验目的

学习以苯和叔丁基氯为原料,在无水三氯化铝催化下制备对二叔丁基苯的原理和方法,从而加深对烷基化反应的认识。

二、实验原理

通过傅-克(Friedel-Crafts)烷基化反应,苯分子中两个对位的氢原子被叔丁基取代,生成对二叔丁基苯。

反应机理：

$$\text{苯} + 2(CH_3)_3CCl \xrightarrow{\text{无水 } AlCl_3} \text{对二叔丁基苯} + 2HCl$$

三、仪器与试剂

（1）仪器：三口烧瓶，滴液漏斗，回流冷凝管，温度计，干燥管，气体吸收装置，烧杯。

（2）试剂：苯，叔丁基氯，无水三氯化铝，冰水，乙醚，无水硫酸镁。

四、实验步骤

实验装置如图 4-1 所示。在三口烧瓶中加入 1.5 mL(0.017 mol)苯和 5 mL(0.045 mol)叔丁基氯。用冰水冷却至 5 ℃以下，迅速加入粉状无水三氯化铝 0.4 g(0.003 mol)，在冰水中冷却，保持反应液为 5~10 ℃[1]，并间断振荡。待反应趋于缓和后，去掉冰水浴，使反应液温度逐渐升至室温，用滴液漏斗滴加 4 mL 冰水分解生成物，冷却后用 10 mL 乙醚分两次萃取。分出有机层，将有机层用水洗涤后，再分出有机层，用无水硫酸镁干燥。把干燥好的有机物倒入小烧杯中，置于通风橱内将溶剂挥发后，则析出白色结晶[2]，抽滤，干燥，称重，计算产率。

纯对二叔丁基苯为白色结晶，熔点为 77~78 ℃。

五、注意事项

［1］本实验中也可用磁力搅拌。

［2］若产品的熔点偏低，可用甲醇或乙醇重结晶。

六、思考题

（1）叔丁基是邻对位定位基，本实验为什么得一种产物呢？

（2）如何由傅-克反应来制备二苯甲烷、苄基苯基酮、对硝基二苯甲酮？

（3）傅-克烷基化反应过程中易发生碳正离子的重排，请举例说明。

图 4-1　对二叔丁基苯
　　　　的制备装置

实验三　反-1,2-二苯乙烯的制备

一、实验目的

（1）熟悉维蒂希反应合成烯烃的方法和原理。

（2）熟练掌握重结晶提纯法的操作。

二、实验原理

本实验首先通过苄氯与三苯基膦作用,生成氯化苄基三苯基磷,再在碱存在下与苯甲醛作用,制备 1,2-二苯乙烯。第二步是两相反应,通过季磷盐和膦叶立德起相转移催化剂的作用,反应可顺利进行,具有操作简便、反应时间短等优点。

$$(C_6H_5)_3P+ClCH_2C_6H_5 \xrightarrow{\triangle} (C_6H_5)_3\overset{+}{P}CH_2C_6H_5Cl^- \xrightarrow{NaOH}$$

$$(C_6H_5)_3P=CHC_6H_5 \xrightarrow{C_6H_5CH=O} C_6H_5CH=CHC_6H_5+(C_6H_5)_3PO$$

三、仪器与试剂

(1) 仪器:圆底烧瓶,干燥管,回流冷凝管,水浴锅,蒸馏头,温度计,直形冷凝管,牛角管,布氏漏斗,抽滤瓶,真空泵,磁力搅拌器,分液漏斗。

(2) 试剂:苄氯[1],三苯基膦[2],二甲苯,苯甲醛,氯仿,乙醚,二氯甲烷,50%氢氧化钠溶液,95%乙醇,无水硫酸镁。

四、实验步骤

1. 氯化苄基三苯基磷的制备

在 50 mL 圆底烧瓶中,加入 3 g 苄氯、6.2 g 三苯基膦和 20 mL 氯仿,装上带有干燥管的回流冷凝管,在水浴上回流 2~3 h。反应完后改为蒸馏装置,蒸出氯仿。向烧瓶中加入 5 mL 二甲苯,充分振摇混合,抽滤。用少量二甲苯洗涤结晶,于 110 ℃ 烘箱中干燥 1 h,得季磷盐(约 7 g)。产品为无色晶体,熔点为 310~312 ℃,贮于干燥器中备用。

2. 1,2-二苯乙烯的制备

在 50 mL 圆底烧瓶中,加入 5.8 g 氯化苄基三苯基磷、1.6 g 苯甲醛和 10 mL 二氯甲烷,装上回流冷凝管。在磁力搅拌器的充分搅拌下,自冷凝管顶滴入 7.5 mL 50%氢氧化钠溶液,约 15 min 滴完。加完后,继续搅拌 0.5 h。

将反应混合物转入分液漏斗,加入 10 mL 水和 10 mL 乙醚,振摇后分出有机层,水层再用乙醚萃取 2 次,每次 10 mL,合并 3 次乙醚萃取液,用水洗涤 3 次,每次 10 mL,再用无水硫酸镁干燥乙醚溶液,滤去干燥剂,并在水浴上蒸去有机溶剂。残余物加入 95%乙醇加热溶解(约需 10 mL),然后置于冰水浴中冷却,析出反-1,2-二苯乙烯结晶。抽滤,干燥后称重。如需进一步纯化,可用甲醇-水重结晶。

纯净反-1,2-二苯乙烯的熔点为 124 ℃。

五、注意事项

[1] 苄氯蒸气对眼睛有强烈的刺激作用,转移时切勿滴在瓶外。如不慎沾在手上,应用水冲洗后再用肥皂擦洗。

[2] 有机磷化合物通常是有毒的,与皮肤接触后立即用肥皂擦洗。

六、思考题

(1) 三苯亚甲基膦能与水起反应,三苯亚苄基膦则在水存在下可与苯甲醛反应,并主要生成烯烃,试比较二者的亲核活性并从结构上加以说明。

(2) 如用肉桂醛代替苯甲醛,将得到什么产物?

实验四 正溴丁烷的制备

一、实验目的

(1) 学习以溴化钠、浓硫酸和正丁醇制备正溴丁烷的原理和方法。
(2) 学习带有有害气体吸收装置的回流等基本操作。

二、实验原理

正溴丁烷是由正丁醇与溴化钠、浓硫酸共热而制得的。

$$NaBr + H_2SO_4 \longrightarrow HBr + NaHSO_4$$
$$n\text{-}C_4H_9OH + HBr \longrightarrow n\text{-}C_4H_9Br + H_2O$$

可能发生的副反应如下:

$$2CH_3CH_2CH_2CH_2OH \xrightarrow[\triangle]{\text{浓 } H_2SO_4} CH_3CH_2CH=CH_2 + CH_3CH=CHCH_3 + H_2O$$

$$2CH_3CH_2CH_2CH_2OH \xrightarrow[\triangle]{\text{浓 } H_2SO_4} CH_3CH_2CH_2CH_2OCH_2CH_2CH_2CH_3 + H_2O$$

三、仪器与试剂

(1) 仪器:圆底烧瓶,球形冷凝管,气体吸收装置,蒸馏装置,分液漏斗,锥形瓶。
(2) 试剂:正丁醇,浓硫酸,溴化钠,5%氢氧化钠溶液,饱和碳酸氢钠溶液,无水氯化钙。
(3) 主要试剂物理参数(表 4-2)。

表 4-2 主要试剂物理参数

名称	相对分子质量	折光率	相对密度	熔点/℃	沸点/℃	溶解度/[g·(100 mL)$^{-1}$]		
						水	醇	醚
正丁醇	74.12	1.39931	0.8098	−89.2	117.7	7.920	溶	溶
正溴丁烷	137.02	1.4493	1.299	−11.4	101.6	不溶	溶	溶

四、实验步骤

在 100 mL 圆底烧瓶中,加入 10 mL 水,慢慢地加入 12 mL (0.22 mol)浓硫酸,混合均匀并冷却至室温。加入正丁醇 7.5 mL(0.08 mol),混合后加入 10 g(0.10 mol)研细的溴化钠,充分振摇[1],再加入几粒沸石,装上回流冷凝管,在冷凝管上端接上吸收溴化氢气体的装置,用 5%氢氧化钠溶液作吸收剂。注意,切勿将漏斗全部浸入水中,以免倒吸,实验装置见图 4-2。

在石棉网上用小火加热回流约 40 min(在此过程中,要经常摇动)。冷却后,改作蒸馏装置,在石棉网上加热蒸出所有溴丁烷[2]。

将馏出液小心地转入分液漏斗中,用 10 mL 水洗涤[3],小心地将粗产品转入另一干燥的分液漏斗中,用 5 mL 浓硫酸洗

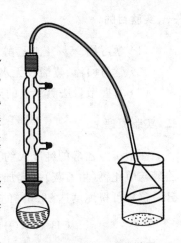

图 4-2 正溴丁烷合成装置

涤[4]。尽量分去硫酸层,有机层依次分别用水、饱和碳酸氢钠溶液和水各 10 mL 洗涤[5]。产物移入干燥的小锥形瓶中,加入无水氯化钙干燥(0.5～1 g),间歇摇动,直至液体透明,时间在 0.5 h 以上。将干燥后的产物小心地转入蒸馏烧瓶中。在石棉网上加热蒸馏,收集 99～103 ℃ 的馏分,称重,计算产率。

　　产量为 6～7 g(产率约为 52%)。

五、注意事项

　　[1] 如在加料过程中及反应回流时不摇动,将会影响产量。

　　[2] 正溴丁烷是否蒸完,可从下面三个方面判断:

　　① 馏出液是否由混浊变为澄清;

　　② 蒸馏烧瓶中上层油层是否已蒸完;

　　③ 取一支试管收集几滴馏出液,加入少量水摇动,若无油珠出现,则表示有机物已蒸完。

　　[3] 用水洗涤后馏出液如有红色,是因为含有溴,可以加入 10～15 mL 饱和亚硫酸氢钠溶液洗涤除去。

$$2NaBr + 3H_2SO_4 \longrightarrow Br_2 + SO_2 + 2H_2O + 2NaHSO_4$$
$$Br_2 + 3NaHSO_3 \longrightarrow 2NaBr + NaHSO_4 + 2SO_2 + H_2O$$

　　[4] 浓硫酸可洗去粗产品中少量的未反应的正丁醇和副产物丁醚等杂质。否则正丁醇和溴丁烷可形成共沸物(沸点为 98.6 ℃,含正丁醇 13%)而难以除去。

　　[5] 洗涤中产品有时在上层,有时在下层,不要弄错。

六、思考题

　　(1) 本实验中,浓硫酸起何作用? 其用量及浓度对实验有何影响?

　　(2) 反应后的粗产物中含有哪些杂质? 它们是如何被除去的?

　　(3) 为什么用饱和碳酸氢钠溶液洗酸以前,要用水洗涤?

实验五　无水乙醇的制备

一、实验目的

　　(1) 学习用 95% 工业乙醇制备无水乙醇的原理。

　　(2) 学习回流、蒸馏及无水操作。

　　(3) 掌握微量法测沸点的原理和方法,并测定无水乙醇的沸点。

二、实验原理

　　一般工业乙醇的纯度大约为 95%,如果需要纯度更高的无水乙醇,可在实验室里将工业乙醇与氧化钙(生石灰)一起加热回流,使乙醇中的水与氧化钙作用,生成氢氧化钙来除掉水分。这样可得纯度达 99.5% 的"无水"乙醇,反应式为

$$CH_3CH_2OH + H_2O + CaO \xrightarrow[\triangle]{回流} Ca(OH)_2 + CH_3CH_2OH$$

三、仪器与试剂

(1) 仪器：圆底烧瓶，球形冷凝管，干燥管，蒸馏装置，分液漏斗，锥形瓶，抽滤瓶，量筒。

(2) 试剂：95％工业乙醇，沸石，氧化钙，无水氯化钙。

四、实验步骤

1. 无水乙醇的制备

在 50 mL 圆底烧瓶[1]中加入 20 mL 95％工业乙醇和 4 g 氧化钙，再加几粒沸石，装上回流冷凝管，在冷凝管的上端安装一个氯化钙干燥管。在水浴上回流加热半小时，稍冷却后取下冷凝管，改成蒸馏装置[2]进行蒸馏[3]。蒸去前馏分后，用干燥的抽滤瓶或蒸馏瓶作接收器，其支管接一个氯化钙干燥管与大气相通。用水浴加热，蒸馏至无液滴流出为止。称量无水乙醇的质量或测其体积，计算回收率。

2. 测定无水乙醇的沸点

用微量法测定无水乙醇的沸点（原理及操作见第 2 章）。

五、注意事项

[1] 本实验中所用仪器均须干燥，由于无水乙醇具有强的吸水性，故在操作过程中和存放时应密闭以防止水汽的侵入。

[2] 改成蒸馏装置时，应重新加入几粒沸石。

[3] 由于氧化钙与水作用生成氢氧化钙，在加热时不分解，故可留在瓶中一起蒸馏。

六、思考题

(1) 回流装置为什么用球形冷凝管？

(2) 回流和蒸馏时为什么须加沸石？

(3) 制备易燃的有机试剂时应注意哪些事项？

实验六　苯甲醇的制备

一、实验目的

(1) 学习相转移催化法制备苯甲醇的原理和方法。

(2) 掌握回流滴加的基本操作技能和分液漏斗的使用方法。

二、实验原理

卤代烃在碱性条件下水解可生成醇，由于苄氯性质活泼，碱可选用碳酸钾，便于产品的分离。本实验用溴化四乙基铵（PTC）为相转移催化剂，可提高反应效率。

$$2C_6H_5CH_2Cl + K_2CO_3 + H_2O \xrightarrow{PTC} 2C_6H_5CH_2OH + 2KCl + CO_2 \uparrow$$

三、仪器与试剂

(1) 仪器：三口烧瓶，球形冷凝管，空气冷凝管，恒压滴液漏斗，分液漏斗，烧杯，蒸馏装置，锥形瓶,量筒,电动搅拌器。

(2)试剂:苯氯甲烷,碳酸钾溶液,50%溴化四乙基铵溶液,无水硫酸镁,甲基叔丁基醚,沸石。

四、实验步骤

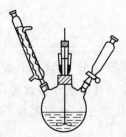

图 4-3　苯甲醇的制备装置

在装有电动搅拌器的 250 mL 三口烧瓶里加入碳酸钾溶液(8 g 碳酸钾溶于 80 mL 水中)及 2 mL 50%溴化四乙基铵溶液,加几粒沸石。装上回流冷凝管和恒压滴液漏斗(实验装置如图 4-3 所示),在恒压滴液漏斗中装 9.5 mL 苯氯甲烷[1]。开动搅拌器[2],在石棉网上加热至回流[3],将苯氯甲烷滴入三口烧瓶中。滴加完毕后,继续在搅拌下加热回流,反应时间共 2 h[4]。

停止加热,冷却到 30～40 ℃[5]。把反应液移入分液漏斗中,分出油层。碱水溶液用甲基叔丁基醚萃取 4 次,每次用 6 mL 甲基叔丁基醚。合并萃取液和粗苯甲醇。用无水硫酸镁或碳酸钾干燥。

将干燥、透明的苯甲醇甲基叔丁基醚溶液倒入 50 mL 蒸馏烧瓶里,安装好蒸馏装置。先在热水浴上蒸出甲基叔丁基醚,然后改用空气冷凝管,在石棉网上加热蒸馏。收集 200～208 ℃的馏分。称重,计算产率。

产量:约 5.5 g。纯苯甲醇为无色透明液体,沸点为 205.4 ℃。

五、注意事项

[1] 苯氯甲烷的腐蚀性大,加料时要细心,不要沾到皮肤上。

[2] 在相转移催化剂作用下反应可在同一相中进行,但也需要搅拌加快相转移的速度。

[3] 季铵盐既是相催化剂,也是一种乳化剂。由于在反应过程中有二氧化碳生成,回流开始时,反应液呈泡沫状沸腾,因此要缓慢加热至回流,否则泡沫将冲出回流冷凝管。大约回流 10 min 后泡沫消失,不再有泡沫产生。

[4] 本实验如不加相转移催化剂,反应需 6～8 h 才能完成。

[5] 回流反应液冷却至 30～40 ℃为宜,温度过低会有固体析出,影响下步分离操作。

六、思考题

(1)在实验中,还有哪些合适的方法可用来制备苯甲醇?

(2)本实验采用碳酸钾作为苯氯甲烷的碱性水解试剂,有何优点?

实验七　2-硝基苯-1,3-二酚的制备

一、实验目的

(1)复习、巩固芳环定位规律和活性位置保护的应用。

(2)掌握磺化、硝化的原理和实验方法。

(3)在了解水蒸气蒸馏原理的基础上,掌握水蒸气蒸馏装置的安装与操作。

(4)练习、掌握减压过滤技术。

二、实验原理

酚羟基是较强的邻对位定位基,也是较强的致活基团。如果让间苯二酚直接硝化,由于反应太剧烈,不易控制;另外,由于空间效应,硝基会优先进入 4、6 位,很难进入 2 位。本实验利用磺酸基的强吸电子性和磺化反应的可逆性,先磺化,在 4、6 位引入磺酸基,既降低了芳环的活性,又占据了活性位置。再硝化时,受定位规律的支配,硝基只有进入 2 位,最后进行水蒸气蒸馏,既把磺酸基水解掉,又同时把产物随水一起蒸出来。本反应中磺酸基起到了占位、定位和钝化的作用。

水蒸气蒸馏是分离和纯化有机物的常用方法之一,尤其适用于反应产物是黏稠状或树脂状体系,用一般的蒸馏、萃取、结晶等方法不易纯化的情况。

三、仪器与试剂

(1) 仪器:水蒸气蒸馏装置,锥形瓶,烧杯,布氏漏斗,抽滤瓶,水浴锅。

(2) 试剂:间苯二酚,浓硫酸,浓硝酸,尿素,乙醇,沸石。

(3) 主要试剂物理参数(表 4-3)。

表 4-3 主要试剂物理参数

名称	相对分子质量	熔点/ ℃	沸点/ ℃	相对密度 (d_4^{20})	在水中的溶解度 /[g · (100 mL)$^{-1}$]
间苯二酚	110.11	109~110	281	1.285	111
2-硝基苯-1,3-二酚	155	84~85	78.4	0.7893	易溶
尿素	60.06	135		1.330	微溶
浓硫酸(98%)	98.07	10.49	338	1.834	易溶
浓硝酸	63.01	−42	86	1.5027	易溶

四、实验步骤

在 100 mL 烧杯中,放入 2.8 g 粉末状的间苯二酚[1],慢慢加入 13 mL 浓硫酸[2],同时充分搅拌,立即生成白色的磺化物[3],然后在 60~65 ℃热水浴中加热 15 min,冰水浴冷却至室温,用滴管加入混酸(浓硫酸和浓硝酸各 2.8 mL)[4],控制反应温度为 25~30 ℃,继续搅拌 15

min 后,将反应物转入圆底烧瓶[5],小心加入 7 mL 水稀释,控制反应温度在 50 ℃以下,加入 0.1 g 尿素,然后进行水蒸气蒸馏[6],馏出液中立即有橘红色固体析出,当无油状物出现时即可停止蒸馏。冰水冷却馏出液和固体,过滤得粗品,以水和少量乙醇的混合溶剂[7]重结晶,干燥,称重,计算产率。

五、注意事项

[1] 间苯二酚很硬,要充分研碎,否则磺化只能在颗粒表面进行,磺化不完全。

[2] 本实验一定注意先磺化,后硝化。否则会剧烈反应,甚至产生事故。

[3] 酚的磺化在室温就可进行,如果反应太慢,10 min 不变白,可用 60 ℃的水加热,加速反应。

[4] 硝化反应比较快,因此硝化前,磺化混合物要先在冰水浴中冷却,混酸也要冷却,最好在 10 ℃以下;硝化时,也要在冷却下,边搅拌,边慢慢滴加混酸,否则,反应物易被氧化而变成灰色或黑色。

[5] 将反应液转入烧瓶时,应顺着玻璃棒加入,并加入 10 g 碎冰稀释,温度不能超过 50 ℃。最后用 5 mL 冰水洗涤烧杯,并入烧瓶。切记,加冰水不能太多,否则,水蒸气蒸馏时,会蒸不出产品。

[6] 水蒸气蒸馏时,冷却水要控制得非常小,否则产物凝结于冷凝管壁的上端,会造成堵塞。

[7] 晶体用 10 mL 50%乙醇水溶液(5 mL 水+5 mL 乙醇)洗涤,不要太多,否则损失产品。

六、思考题

(1) 产率低(10%左右),文献值为 30%～35%,为什么?

(2) 为什么不能直接硝化,而要先磺化?

(3) 什么情况下用水蒸气蒸馏提纯或分离有机化合物?

实验八　苯乙醚的制备

一、实验目的

(1) 掌握由酚钠合成芳醚的方法。

(2) 掌握回流、萃取、蒸馏等操作。

二、实验原理

Williamson 合成法是合成醚的常用方法:一般用卤代烷或硫酸酯与酚钠或醇钠反应得到。反应机制是用烷氧或酚氧负离子作亲核试剂,与卤代烷或硫酸酯发生亲核取代反应。

$$PhOH + NaOH \longrightarrow PhONa + H_2O$$
$$PhONa + CH_3CH_2Br \longrightarrow PhOCH_2CH_3 + NaBr$$

三、仪器与试剂

(1) 仪器:三口烧瓶,球形冷凝管,恒压滴液漏斗,电动搅拌器,蒸馏装置,分液漏斗,锥形瓶,量筒,水浴锅。

（2）试剂:苯酚,氢氧化钠,溴乙烷,饱和食盐水,乙醚,沸石,无水氯化钙。

四、实验步骤

1. 常量合成

在 100 mL 三口烧瓶中,分别装上电动搅拌器、恒压滴液漏斗、回流冷凝管。将 7.5 g 苯酚[1]、4 g 氢氧化钠和 4 mL 水加入三口烧瓶中,开动搅拌器,水浴加热使固体全部溶解,控制水浴温度在 80～90 ℃,并开始慢慢滴加[2] 8.5 mL 溴乙烷[3]。大约 1 h 可滴加完毕,然后继续保温搅拌 2 h,并降至室温。加适量水(10～20 mL)[4]使固体全部溶解。将液体转入分液漏斗中,分出水相,有机相用等体积饱和食盐水洗两次(若有乳化现象,可减压过滤),分出有机相,合并两次的洗涤液和最初分出的水相,用 20 mL 乙醚提取一次,醚层与有机相合并,用无水氯化钙干燥。先用水浴蒸出乙醚[5],然后常压蒸馏收集产品,即 171～183 ℃的馏分。称重,计算产率。

产物为无色透明液体,重 5～6 g。

2. 半微量合成

在 50 mL 三口烧瓶中,分别装上电动搅拌器、恒压滴液漏斗、回流冷凝管。将 3.75 g 苯酚、2 g 氢氧化钠和 2 mL 水加入三口烧瓶中,开动搅拌器,用水浴加热使固体全部溶解,控制水浴温度在 80～90 ℃,并开始慢慢滴加 4.25 mL 溴乙烷,大约 40 min 可滴加完毕,然后继续保温搅拌 1 h,并降至室温。加适量水(5～10 mL)使固体全部溶解。将液体转入分液漏斗中,分出水相,有机相用等体积饱和食盐水洗两次(若有乳化现象,可减压过滤),分出有机相,合并两次的洗涤液和最初分出的水相,用 20 mL 乙醚提取一次,醚层与有机相合并,用无水氯化钙干燥。先用水浴蒸出乙醚,然后常压蒸馏收集产品,即 171～183 ℃的馏分。称重,计算产率。

3. 微量合成

在 25 mL 三口烧瓶中,分别装上电动搅拌器、恒压滴液漏斗、回流冷凝管。将 1.87 g 苯酚、1 g 氢氧化钠和 1 mL 水加入三口烧瓶中,开动搅拌器,用水浴加热使固体全部溶解,控制水浴温度在 80～90 ℃,并开始慢慢滴加 2.2 mL 溴乙烷,大约 20 min 可滴加完毕,然后继续保温搅拌 0.5 h,并降至室温。加适量水(2.5～5 mL)使固体全部溶解。将液体转到分液漏斗中,分出水相,有机相用等体积饱和食盐水洗两次(若有乳化现象,可减压过滤),分出有机相,合并两次的洗涤液和最初分出的水相,用 20 mL 乙醚提取一次,醚层与有机相合并,用无水氯化钙干燥。先用水浴蒸出乙醚,然后常压蒸馏收集产品,即 171～183 ℃的馏分。称重,计算产率。

五、注意事项

[1] 称取苯酚时应小心,不要沾到手上,因苯酚有腐蚀性。可采用加热熔融后称量的方法。溶解时若发现有不溶物,可以补加 0.5～1 mL 水。

[2] 若有结块出现,则停止滴加溴乙烷,待充分搅拌后再继续滴加。

[3] 溴乙烷沸点低,实验时回流冷却水流量要大,或加入冰块,以减少溴乙烷的挥发。

[4] 加水量应尽可能少,以固体刚好全溶为佳,因苯乙醚在水中有一定的溶解度。

[5] 蒸去乙醚时不能用明火加热,将尾气通入吸收槽,以防乙醚蒸气外漏引起着火。

六、思考题

(1) 制备苯乙醚时,用饱和食盐水洗涤的目的是什么?

(2) 反应中回流的液体是什么? 出现的固体又是什么? 为什么恒温到后期回流不明显了?

实验九　环己酮的制备

一、实验目的

(1) 学习次氯酸氧化法、铬酸氧化法制备环己酮的原理和方法。

(2) 进一步了解醇与酮的区别与联系。

二、实验原理

醇的氧化是制备醛、酮的重要方法之一。

六价铬是将伯、仲醇氧化成相应醛、酮的最重要和最常用的试剂,氧化反应可在酸性、碱性或中性条件下进行。

在酸性条件下进行氧化,可用水、丙酮、乙酸、二甲亚砜(DMSO)、二甲基甲酰胺(DMF)等作溶剂,或由它们组成混合溶剂。如将仲醇(如薄荷醇、2-辛醇)溶于醚,用铬酸在醚-水两相中氧化成酮。仲醇与铬酸形成铬酸酯,然后被萃取到水相,酮生成后又被萃取到有机相,从而避免了酮的进一步氧化。

$$3R_2CHOH + Na_2Cr_2O_7 + 4H_2SO_4 \longrightarrow 3R_2CO + Na_2SO_4 + Cr_2(SO_4)_3 + 7H_2O$$

铬酸长期存放不稳定,因此需要时可将重铬酸钠(或重铬酸钾)或三氧化铬与过量的酸(硫酸或乙酸)反应制得。铬酸与硫酸的水溶液叫做 Jones 试剂。

铬酸和它的盐价格较贵,且会污染环境,用次氯酸钠或漂白粉精(有效成分为 $Ca(ClO)_2$)来氧化醇可避免这些缺点,产率也较高。

本实验分别用铬酸和次氯酸钠作氧化剂,将环己醇氧化成环己酮,反应式为

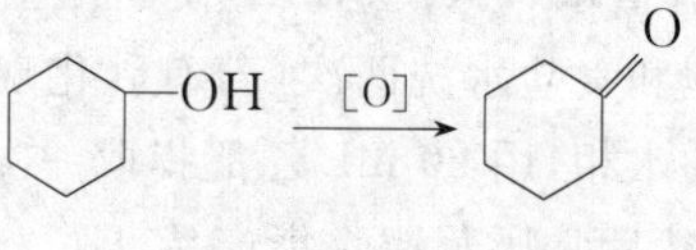

三、仪器与试剂

(1) 仪器:滴液漏斗,250 mL 三口烧瓶,分液漏斗,水浴锅,蒸馏装置。

(2) 试剂:环己醇,冰乙酸,次氯酸钠溶液,饱和亚硫酸氢钠溶液,氯化铝,无水碳酸钠,沸石,无水硫酸镁,乙醚,铬酸溶液,碳酸钠,固体氯化钠。

四、实验步骤[1]

方法一:用次氯酸钠作氧化剂

向装有搅拌器、滴液漏斗和温度计的 250 mL 三口烧瓶(实验装置如图 4-4 所示)中依次加入 5.2 mL(5 g,0.05 mol)环己醇和 25 mL 冰乙酸。开动搅拌器,在冰水浴冷却下,将 38 mL

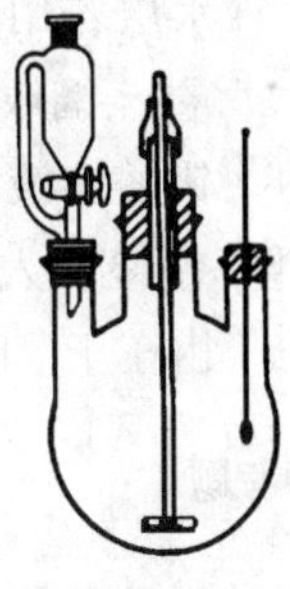

次氯酸钠溶液(约 1.8 mol・L^{-1}[2])通过滴液漏斗逐滴加入反应瓶中，并使反应瓶内温度维持在 30～35 ℃，加完后搅拌 5 min，用碘化钾-淀粉试纸检验应呈蓝色，否则应再补加 5 mL 次氯酸钠溶液，以确保有过量次氯酸钠存在，使氧化反应完全。在室温下继续搅拌 30 min，加入饱和亚硫酸氢钠溶液至反应液对碘化钾-淀粉试纸不显蓝色为止[3]。

向反应混合物中加入 30 mL 水、3 g 氯化铝[4]和几粒沸石，在石棉网上加热蒸馏至馏出液无油珠滴出为止[5]。

在搅拌下向馏出液分批加入无水碳酸钠至反应液呈中性为止，然后加入固体氯化钠使之变成饱和溶液[6]，将混合液倒入分液漏斗中，分出有机层[7]；用无水硫酸镁干燥，蒸馏收集 150～155 ℃馏分。称重，计算产率。

图 4-4　环己酮制备装置

产量为 3.0～3.4 g(产率 61%～69%)。

方法二：用铬酸作氧化剂

向装有 50 mL 滴液漏斗、搅拌装置和回流冷凝管的 250 mL 三口烧瓶中依次加入 5.3 mL 环己醇(约 0.05 mol)和 25 mL 乙醚，摇匀，冷却到 0 ℃。将已冷至 0 ℃的 50 mL 铬酸溶液[8]分两次倒入滴液漏斗中，在剧烈搅拌下，10 min 内将铬酸溶液滴入反应瓶中。加完后再继续剧烈搅拌 20 min，用分液漏斗分出醚层[9]，水层用乙醚萃取 2 次(每次 15 mL)，合并醚溶液，用 15 mL 5%碳酸钠溶液洗涤 1 次，然后用水(15 mL×4)洗涤。用无水硫酸钠干燥后过滤，用 50～55 ℃水浴蒸馏回收乙醚，再蒸馏收集 152～155 ℃馏分。称重，计算产率。

产量为 3.2～3.6 g(产率 66%～72%)。

纯环己酮的沸点为 155 ℃，n_D^{20} 为 1.4507。

五、注意事项

[1] 本实验的方法一或方法二可选做，各需 4 小时。

[2] 次氯酸钠的浓度可用间接碘量法测定。用移液管移取 10 mL 次氯酸钠溶液于 500 mL 容量瓶中，加蒸馏水稀释至刻度，摇匀后吸取 25 mL 溶液到 250 mL 锥形瓶中，加入 50 mL 0.1 mol・L^{-1}盐酸和 2 g 碘化钾，用 0.1 mol・L^{-1}硫代硫酸钠溶液滴定析出的碘。5 mL 0.2%淀粉溶液在滴定到近终点时加入。

$$NaClO+2KI+2HCl \Longrightarrow NaCl+H_2O+2KCl+I_2$$
$$I_2+2Na_2S_2O_3 \Longrightarrow 2NaI+Na_2S_4O_6$$

所以
$$NaClO \sim 2Na_2S_2O_3$$

$$1:2=(c_{NaClO}×10 \text{ mL}):(0.1 \text{ mol・}L^{-1}×V \text{ mL}×500 \text{ mL}/25 \text{ mL})$$
$$c_{NaClO}=0.1V \text{ mol・}L^{-1}$$

式中，V 为耗去的硫代硫酸钠溶液的毫升数。

[3] 约需 5 mL 饱和亚硫酸氢钠溶液，此时发生下列反应：
$$ClO^-+HSO_3^- \longrightarrow Cl^-+H^++SO_4^{2-}$$

[4] 加氯化铝可预防蒸馏时发泡。

[5] 环己酮(容易燃烧!)和水形成恒沸点混合物，沸点为 95 ℃，含环己酮 38.4%，馏出液中还有乙酸，沸程为 94～100 ℃。

[6] 31 ℃时环己酮在水中的溶解度为 2.4 g・(100 mL)$^{-1}$。加入精盐是为了降低环己酮的溶解度并有利于环己酮的分层。

〔7〕水层若用乙醚(10 mL×2)萃取,合并环己酮粗品和醚萃取液,经干燥、回收乙醚(注意安全!)后再蒸馏收集产品,产率会提高到 78％左右。

〔8〕铬酸溶液的配制方法如下:将 20 g(0.066 mol)Na$_2$Cr$_2$O$_7$·2H$_2$O 溶于 60 mL 水中,在搅拌下慢慢加入 26.8 g(14.8 mL,0.268 mol)浓硫酸(98％),最后稀释至 100 mL。

〔9〕由于上、下两层都带深棕色,不易看清其界面,加少量乙醚或水后则易看清。

六、思考题

(1) 环己醇用铬酸氧化得到环己酮,用高锰酸钾氧化则得到己二酸,为什么?

(2) 利用伯醇氧化制备醛时,为什么要将铬酸溶液加入醇中而不是反之?

(3) 蒸馏产品时,应选用什么冷凝管?

实验十　4-苯基丁-2-酮的制备

一、实验目的

通过制备 4-苯基丁-2-酮,了解合成乙酰乙酸乙酯的原理和方法。

二、实验原理

乙酰乙酸乙酯是一种多官能团化合物,它的亚甲基上的氢 pK_a 值为 10.7,在醇钠的存在下,可被其他基团取代;另一方面,乙酰乙酸乙酯在稀碱的作用下能进行酮式分解。基于这两点,乙酰乙酸乙酯成为有机合成的重要试剂。

本实验以乙酰乙酸乙酯为原料,在强碱性条件下与苄氯发生亲核取代反应,生成烷基取代的乙酰乙酸乙酯,在稀碱作用下进行成酮反应,获得目标产物 4-苯基丁-2-酮。

反应机理如下:

$$CH_3COCH_2COOC_2H_5 \xrightarrow[C_2H_5OH]{C_2H_5ONa} [CH_3COCHCOOC_2H_5]Na \xrightarrow{PhCH_2Cl}$$

$$[CH_3COCCOOC_2H_5]Na \xrightarrow[H_2O]{NaOH} \xrightarrow[-CO_2]{HCl} CH_3COCH_2CH_2Ph$$
$$\overset{\overset{\textstyle CH_2Ph}{|}}{}$$

三、仪器与试剂

(1) 仪器:回流冷凝管,滴液漏斗,250 mL 三口烧瓶,干燥管,磁力搅拌器,烧杯,水浴锅,减压蒸馏装置。

(2) 试剂:无水乙醇,金属钠,乙酰乙酸乙酯,氯化苄,10％氢氧化钠溶液,浓盐酸,乙醚,无水氯化钙。

四、实验步骤

在装有回流冷凝管和滴液漏斗的 250 mL 干燥三口烧瓶中,加入 25 mL 无水乙醇。冷凝管上口装氯化钙干燥管。分批向瓶内加入 1.6 g 切成小片的金属钠[1](加入速度以保持乙醇沸腾为宜)。待金属钠全部作用完后,开动磁力搅拌器,室温下滴加[2]10 mL 乙酰乙酸乙酯[3],

加完后继续搅拌 10 min。随后慢慢滴加 10 mL 氯化苄,约 15 min 加完,这时有大量白色沉淀生成,将反应瓶加热回流 1.5 h,反应物为米黄色乳状物。停止加热,稍冷后缓慢滴加由 10% 氢氧化钠溶液,约 15 min 加完。此时溶液呈碱性,颜色为橙黄色。将反应混合物继续加热回流 2 h,有油层析出,水层 pH 为 8~9。停止加热,反应瓶冷却至 40 ℃以下,缓慢加入 10 mL 浓盐酸,使溶液 pH 为 1~2。酸化后的溶液再加热回流 1 h 进行脱羧反应,直到无气泡(二氧化碳)逸出为止。

将体系冷却至室温,用稀的氢氧化钠溶液中和。然后用 15 mL 乙醚萃取 3 次。合并有机层,水洗后用无水氯化钙干燥。水浴蒸去乙醚[4]后,减压蒸馏,收集产品。

纯 4-苯基丁-2-酮为无色透明液体,沸点为 233~234 ℃(1.07~1.2 kPa 时的沸点为 96~102 ℃)。

五、注意事项

[1] 金属钠遇水燃烧爆炸,使用时应严格防止与水接触。制备乙醇钠时,金属钠要切成小块,分批加入三口烧瓶中。

[2] 滴加速度不宜太快,以防止酸分解时逸出大量二氧化碳而冲料。

[3] 乙酰乙酸乙酯储存时间过长会出现部分分解,用时须经减压蒸馏重新纯化。

[4] 注意乙醚的后处理及蒸馏的安全。

六、思考题

(1) 乙酰乙酸乙酯在有机合成上有什么用途? 鉴别乙酰乙酸乙酯的试剂有哪些? 烷基取代的乙酰乙酸乙酯用稀碱或浓碱作用将分别得到什么产物?

(2) 如何利用乙酰乙酸乙酯合成以下化合物?

①2-庚酮;②4-甲基-2-己酮;③苯甲酰乙酸乙酯;④2,6-庚二酮

(3) 加入氯化苄后析出的白色固体为何物?

(4) 酮式分解反应中加盐酸的目的是什么? 产生的二氧化碳来自何处?

实验十一　呋喃甲酸和呋喃甲醇的制备

一、实验目的

(1) 学习由呋喃甲醛制备呋喃甲酸和呋喃甲醇的原理和方法。

(2) 进一步巩固萃取、蒸馏、重结晶等基本操作。

二、实验原理

在浓的强碱作用下,不含 α-活泼氢的醛类可以发生分子间自身氧化还原反应,一分子醛被氧化成酸,而另一分子醛则被还原为醇,此反应称为坎尼查罗(Cannizzaro)反应。在坎尼查罗反应中,通常使用大约 40% 的浓碱,其中碱的物质的量比醛的物质的量多一倍以上,否则反应不完全,未反应的醛与生成的醇混在一起,通过一般蒸馏很难分离。

$$\text{图: } \underset{O}{\boxed{}}\!\!-COONa \xrightarrow{\text{HCl}} \underset{O}{\boxed{}}\!\!-COOH$$

三、仪器与试剂

(1)仪器:量筒,烧杯,滴液漏斗,分液漏斗,抽滤瓶,布氏漏斗,水浴锅,蒸馏装置。

(2)试剂:氢氧化钠(或氢氧化钾),聚乙二醇,呋喃甲醛,乙醚,无水碳酸钠(或无水硫酸镁),25%盐酸。

四、实验步骤

准确量取 9 mL 43%氢氧化钠(或氢氧化钾)溶液、2 g 聚乙二醇[1],置于小烧杯中,充分搅匀,置于冰水浴中冷却至 5 ℃,搅拌[2]下从滴液漏斗慢慢滴入 10 mL(11.6 g,约 0.12 mol)新蒸馏过的呋喃甲醛[3],反应温度保持在 8~12 ℃[4],加完后室温下继续搅拌反应 25 min,得淡黄色浆状物。

在搅拌下加入适量(约 15 mL)水,至沉淀恰好完全溶解,此时溶液呈暗红色。将溶液转入分液漏斗中,用乙醚(10 mL×4)萃取溶液,合并乙醚萃取液,加入无水碳酸钠或无水硫酸镁干燥,塞紧,静置。水浴蒸馏除去乙醚,然后蒸馏呋喃甲醇,收集 169~172 ℃的馏分[5]。产量为 4~5 g(产率为 68%~84%)。

经乙醚萃取后的碱水溶液内主要含呋喃甲酸钠,在搅拌下用约 18 mL 25%盐酸酸化,pH=2~3[6];充分冷却,溶液析出呋喃甲酸,抽滤,用少量水洗涤 1~2 次。粗品用 25 mL 水重结晶。产量约 4.5 g(产率约 68%)。

纯呋喃甲酸为白色针状晶体,熔点为 133~134 ℃。

五、注意事项

[1] 聚乙二醇为相转移催化剂,使互不相溶的两相物质反应或者加速反应。

[2] 由于氧化还原是在两相间进行的,因此必须充分搅拌。

[3] 呋喃甲醛存放过久会变成棕褐色甚至黑色,用时往往含有水分。使用前可通过减压蒸馏提纯,收集 155~162 ℃的馏分,新蒸馏过的呋喃甲醛为无色或浅黄色的液体。

[4] 若反应温度高于 12 ℃,则反应难以控制,致使反应物变成深红色;若温度过低,则反应过慢,可能积累一些氢氧化钠。一旦发生反应,则过于猛烈,增加副反应,影响产量及纯度。

[5] 呋喃甲醇也可用减压蒸馏,在 4.666 kPa 下收集 88 ℃的馏分。

[6] 酸要加够,以保证 pH≈3,使呋喃甲酸充分游离出来,这是影响呋喃甲酸产率的关键因素。

六、思考题

(1)能否用无水氯化钙干燥呋喃甲醇的乙醚提取液?为什么?

(2)反应结束后加水溶解的沉淀是什么?

实验十二 苯甲酸的制备

一、实验目的

(1) 学习以甲苯为原料制备苯甲酸的原理和方法。

(2) 熟悉抽滤和重结晶的操作。

二、实验原理

苯甲酸可以用甲苯在强氧化剂的作用下生成,这是实验室制备苯甲酸的常用方法。反应式如下:

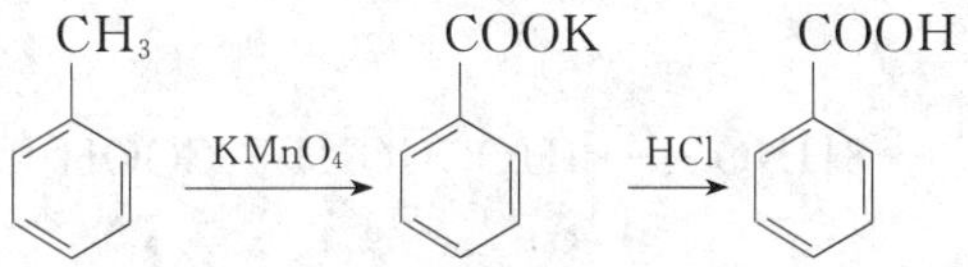

三、仪器与试剂

(1) 仪器:圆底烧瓶,冷凝管,抽滤装置,水浴锅,表面皿。

(2) 试剂:甲苯,高锰酸钾,浓盐酸,沸石。

四、实验步骤

在 500 mL 圆底烧瓶中,加入 4.6 g(5.4 mL,0.05 mol)甲苯、200 mL 水和几粒沸石,装上回流冷凝管,在石棉网上加热至沸腾。从冷凝管上分数次加入 16 g(0.1 mol)高锰酸钾,并用少量水冲洗冷凝管内壁,继续煮沸并时常摇动烧瓶,直到甲苯层近于消失,回流液无油状液滴为止(4~5 h)。

将反应混合物趁热用水泵抽滤,并用少量水洗涤滤渣,合并滤液和洗液,放在冰水浴中冷却,用浓盐酸酸化,直到苯甲酸全部析出。抽滤,吸干。若产品不够纯净,可用热水重结晶,必要时加入少量活性炭脱色。抽滤,将产品移入表面皿中,于 100 ℃ 烘箱中烘干或晾干,称重,计算产率。

苯甲酸是熔点为 121.7 ℃ 的白色晶体。

五、注意事项

滤液如果呈紫色,可加入少量亚硫酸氢钠使紫色褪去,并重新抽滤。

六、思考题

(1) 还可以用什么方法合成苯甲酸?

(2) 反应瓶中是否应加沸石? 为什么?

实验十三　己二酸的制备

一、实验目的

(1) 学习用环己醇氧化制备己二酸的原理和方法。

(2) 掌握浓缩、过滤、重结晶等基本操作。

二、实验原理

己二酸是合成尼龙 66 的主要原料之一。它可以由环己醇氧化而制得,反应需用较强的氧化剂,如硝酸或高锰酸钾。

方法一:

$$3\ \text{环己醇}-\text{OH} + 8HNO_3 \longrightarrow 3HOOC(CH_2)_4COOH + 8NO + 7H_2O$$
$$\downarrow 4O_2$$
$$8NO_2$$

方法二:

$$3\ \text{环己醇}-\text{OH} + 8KMnO_4 + H_2O \longrightarrow 3HOOC(CH_2)_4COOH + 8MnO_2 + 8KOH$$

三、仪器与试剂

(1) 仪器:三口烧瓶,滴液漏斗,温度计,搅拌器,Y 形管,气体吸收装置,水浴锅,烧杯,抽滤装置,表面皿。

(2) 试剂:硝酸,钒酸铵,环己醇,高锰酸钾,浓盐酸,0.3 mol·L^{-1}氢氧化钠溶液。

四、实验步骤

方法一:

(1) 在 100 mL 三口烧瓶中加入浓度为 50% 的硝酸 16 mL(21 g,约 0.17 mol)及一小粒钒酸铵[1],瓶口分别安装温度计、搅拌器及 Y 形管。Y 形管的直口装滴液漏斗,斜口装气体吸收装置,用碱液吸收产生的氧化氮气体。将 5.3 mL 环己醇[2](5 g,0.05 mol)放置在滴液漏斗中[3]。

(2) 用水浴将三口烧瓶加热至约 60 ℃,移开水浴,启动搅拌器,慢慢地将环己醇滴入硝酸中[4],反应放热,瓶内温度上升并有红棕色气体产生[5]。控制滴入速度,使反应温度保持在 50～60 ℃,必要时可用预先准备好的冰水浴或热水浴调节温度。滴加过程约需 30 min,滴完后在继续搅拌下用沸水浴加热 15 min 左右,至基本不再有红棕色气体为止。稍冷后将反应物小心地倒入一个冰水浴中的烧杯里。待结晶完全后,抽滤收集晶体,用 10～20 mL 冷水洗涤晶体[6]。粗产物干燥后重约 6 g,熔点为 149～151 ℃。用水重结晶[7],得精制品,称重,计算产率。

方法二:

(1) 将 13 g 高锰酸钾及 80 mL 0.3 mol·L^{-1}氢氧化钠溶液加入三口烧瓶中,瓶口分别安装温度计、搅拌器及滴液漏斗。用水浴加热使溶液温度达 45 ℃。撤掉热水浴,再通过滴液漏斗慢慢滴加 3 mL 环己醇(沸点为 161 ℃,熔点为 25.2 ℃,相对密度为 0.9624),滴加环己醇过程中维持反应温度在 50~60 ℃。当醇加完后,反应体系温度自然降至 40 ℃左右时,再在沸水浴中加热混合物 10~15 min。

(2) 检验高锰酸钾是否作用完全,反应完全后趁热减压过滤,滤液加 8 mL 浓盐酸酸化,然后小心加热,将滤液浓缩至 20 mL 左右,在冰水浴中冷却至结晶完全。抽滤,用 3 mL 水洗涤结晶,将产品移入表面皿中,于 100 ℃烘箱中干燥,称重,计算产率。

纯己二酸是熔点为 153 ℃的白色棱状晶体。

五、注意事项

[1] 钒酸铵((NH$_4$)$_3$VO$_4$)为催化剂,市售品一般为偏钒酸铵(NH$_4$VO$_3$),在水溶液中形成钒酸铵与多钒酸铵的平衡体系,其中各种钒酸根的浓度之比取决于溶液的 pH。

[2] 在量取环己醇时不可使用量过硝酸的量筒,因为二者会激烈反应,容易发生意外。

[3] 环己醇熔点为 25.2 ℃,在较低温度下为针状晶体,熔化时为黏稠液体,不易倒净。因此量取后可用少量水荡洗量筒,一并加入滴液漏斗中,这样既可减少器壁黏附损失,也因为少量水的存在而降低环己醇的熔点,避免在滴加过程中结晶堵塞滴液漏斗。

[4] 本反应强烈放热,环己醇切不可一次大量加入,否则反应太剧烈,可能引起爆炸。若滴加过快,反应过猛,会使反应物冲出反应器;若反应过于缓慢,未作用的环己醇将积蓄起来,一旦反应变得剧烈,则部分环己醇迅速被氧化也会引起爆炸。故做本实验时,必须特别注意控制环己醇的滴加速度和保持反应物处于强烈沸腾状态,尤其在反应开始阶段,滴加速度更应慢一些。

[5] 在沸水浴中加热并同时搅拌可使反应进行得更完全,但这一步必须在反应体系温度下降后方可进行。

[6] 取 1 滴反应液,滴在滤纸上看是否有紫色,如还有紫色,可加少量固体亚硫酸钠以除去过量的高锰酸钾。

[7] 己二酸在水中的溶解度(g・(100 mL)$^{-1}$)为 1.44(15 ℃),2.3(25 ℃),160(100 ℃),所以洗涤晶体的滤液或重结晶滤出晶体后所得母液若经浓缩后再冷却结晶,还可回收一部分纯度较低的产品。

六、思考题

(1) 为何须严格控制反应物的温度?

(2) 可以用同一量筒量取硝酸和环己醇吗?为什么?

实验十四　肉桂酸的合成

一、实验目的

(1) 掌握用柏金(Perkin)反应制备肉桂酸的原理及方法。

(2) 掌握水蒸气蒸馏的原理及操作方法。

(3) 练习高温蒸馏和空气冷凝管的使用。

二、实验原理

苯甲醛与乙酸酐在乙酸钾的催化下发生柏金反应从而制备肉桂酸,该反应是羧酸衍生物 α-H 的反应,未反应的苯甲醛在碱性条件下用水蒸气蒸馏可除去。

反应式如下:

$$\text{C}_6\text{H}_5\text{—CHO} + (\text{CH}_3\text{CO})_2\text{O} \xrightarrow[160\sim170\ ℃]{\text{CH}_3\text{COOK}} \text{C}_6\text{H}_5\text{—CH}\text{=}\text{CHCOOH}$$

三、仪器与试剂

(1) 仪器:250 mL 三口烧瓶,空气冷凝管,水蒸气蒸馏装置,抽滤装置,烧杯,表面皿。

(2) 试剂:苯甲醛(新蒸),无水乙酸钾,乙酸酐,饱和碳酸钠溶液,浓盐酸,活性炭。

(3) 主要试剂物理参数(表 4-4)。

表 4-4　主要试剂物理参数

名称	相对分子质量	熔点/℃	沸点/℃	相对密度 d_4^{20}	折光率 n_D^{20}	在水中的溶解度 /[g·(100 mL)$^{-1}$]
苯甲醛	106.13	−56	179	1.047	1.5456	0.3
乙酸酐	102.09	−73	139.55	1.0802	1.3904	12(热解)
反式肉桂酸	148.16	135	300	1.2475		0.04
顺式肉桂酸	148.17	68	125	1.284		略溶
乙酸	60.05	17	118	1.049	1.3716	互溶

四、实验步骤

称取新熔融并研细的无水乙酸钾粉末[1] 3 g,置于 250 mL 三口烧瓶[2]中,瓶口分别加空气冷凝管、温度计及磨口塞。再加入 3 mL 新蒸的苯甲醛[3]和 5.5 mL 乙酸酐,振荡使之混合均匀。要求水银温度计水银球处于液面以下,但不能与反应瓶底或瓶壁接触。加热,使反应温度维持在 150~170 ℃[4],反应时间为 1 h。

将反应物趁热倒入 500 mL 长颈圆底烧瓶中,用少量沸水冲洗反应瓶[5],将反应物全部转入圆底烧瓶中。然后一边充分摇动圆底烧瓶,一边慢慢地加入饱和碳酸钠溶液,直到反应混合物呈弱碱性(pH=8)为止。进行水蒸气蒸馏,直到馏出液无油珠为止。

在剩余反应液体中加入少许活性炭(0.5~1.0 g),加热煮沸 10 min,趁热过滤,得无色透明液体。将滤液小心地用浓盐酸酸化,使其呈明显的酸性,然后用冷水浴冷却。肉桂酸呈无定形固体析出。待冷至室温后,减压过滤。晶体用少量水洗涤并尽量挤去水分。干燥,得粗肉桂酸。

将粗肉桂酸用 30% 乙醇进行重结晶,得无色晶体。产量:2~2.5 g。

肉桂酸有顺反异构体,通常以反式形式存在,为无色晶体,熔点为 135~136 ℃。

五、注意事项

[1] 无水乙酸钾的粉末可吸收空气中水分,故每次称完药品后,应立刻盖上盛放乙酸钾的试剂瓶盖,并放回原干燥器中,以防吸水。无水乙酸钾也可用无水乙酸钠或无水碳酸钾代替。

［2］本实验的反应装置中使用的反应瓶及回流冷凝管都应事先干燥,否则缩合反应不能顺利进行。

［3］若用未蒸馏过的苯甲醛试剂代替新蒸馏过的苯甲醛进行实验,产物中可能含有苯甲酸等杂质,而后者不易从最后的产物中分离出去。另外,反应体系的颜色也较深一些。

［4］反应过程中体系的颜色会逐渐加深,有时会有棕红色树脂状物质出现。

［5］加入热的蒸馏水后,体系分为两相:下层水相;上层油相,呈棕红色。水蒸气蒸馏结束时,油层消失,体系呈均相,为浅棕黄色,有时体系中会悬浮有少许难溶于水的棕红色固体颗粒。

六、思考题

（1）具有何种结构的酯能进行柏金反应?

（2）为什么不能用氢氧化钠溶液代替碳酸钠溶液来中和水溶液?

（3）用水蒸气蒸馏除去什么? 能不能不用水蒸气蒸馏?

实验十五　乙酸乙酯的合成

一、实验目的

（1）了解从有机酸合成酯的一般原理和方法。

（2）掌握蒸馏及分液漏斗的使用等操作。

二、实验原理

醇和有机酸在 H^+ 存在下发生酯化反应生成酯。

$$CH_3COOH + CH_3CH_2OH \xrightarrow{H_2SO_4} CH_3COOC_2H_5 + H_2O$$

三、仪器与试剂

（1）仪器:圆底烧瓶,冷凝管,分液漏斗,锥形瓶,蒸馏装置,水浴锅。

（2）试剂:无水乙醇,冰乙酸,浓硫酸,碳酸钠,饱和氯化钠溶液,饱和氯化钙溶液,无水硫酸镁,沸石。

四、实验步骤

在 50 mL 圆底烧瓶中加入 9.5 mL(0.2 mol)无水乙醇和 6 mL(0.10 mol)冰乙酸,再小心加入 2.5 mL 浓硫酸,混匀后,加入沸石,然后装上冷凝管。

小火加热反应瓶,保持缓慢回流 0.5 h,待瓶内反应物冷却后,将回流装置改成蒸馏装置,接收瓶用冷水冷却。加热蒸出生成的乙酸乙酯,直到馏出液体积约为反应物总体积的 1/2 为止。

在馏出液中慢慢加入饱和碳酸钠溶液[1],并不断振荡,直至不再有二氧化碳气体产生（或用 pH 试纸检测,调节至 pH 为 7~9）,然后将混合液转入分液漏斗中,分去下层水溶液。有机层用 5 mL 饱和氯化钠溶液洗涤[2],再用 5 mL 饱和氯化钙溶液洗涤,最后用水洗一次,分出下层液体。有机层倒入干燥的锥形瓶中,用无水硫酸镁干燥[3]。粗产物约为 6.8 g(产率约为

77%)。将干燥后的有机层进行蒸馏,收集 73~78 ℃馏分。

产量约为 4.2 g(产率约为 48%)。

纯乙酸乙酯为无色而有香味的液体,沸点为 77.06 ℃,n_D^{20} 为 1.3723。

五、注意事项

[1] 在馏出液中除了酯和水外,还含有少量未反应的乙醇和乙酸,也含有副产物乙醚。故必须用碱除去其中的酸,并用饱和氯化钙溶液除去未反应的醇,否则会影响酯的产率。

[2] 当有机层用碳酸钠溶液洗过后,如紧接着就用氯化钙溶液洗涤,也可能产生絮状碳酸钙沉淀,使进一步分离变得困难,故在两步操作间必须用水洗一下。由于乙酸乙酯在水中有一定的溶解度,为了尽量减少由此而造成的损失,因此实际上用饱和氯化钠溶液来洗。

[3] 乙酸乙酯与水或乙醇可分别生成共沸混合物,若三者共存则生成三元共沸混合物。因此,有机层中的乙醇不除净或干燥不够时,会形成低沸点共沸混合物,从而影响酯的产率。

六、思考题

(1) 酯化反应有何特点?在实验中如何创造条件使酯化反应尽量向生成物方向进行?

(2) 本实验若采用乙酸过量的做法是否合适?为什么?

(3) 蒸出的粗乙酸乙酯中主要有哪些杂质?如何除去?

实验十六　乙酸正丁酯的制备

一、实验目的

(1) 学习和掌握合成乙酸正丁酯的原理和方法。

(2) 学习分水器的原理,并掌握其使用方法。

二、实验原理

以乙酸和正丁醇为原料,在浓硫酸的催化作用下,经加热生成乙酸正丁酯。反应式为

$$CH_3COOH + CH_3(CH_2)_2CH_2OH \xrightarrow{\text{浓 } H_2SO_4} CH_3COOCH_2(CH_2)_2CH_3 + H_2O$$

该反应是可逆反应,可采用使反应物过量和移除生成物的方法使反应向生成产物的方向移动。例如,使价格较便宜的乙酸过量,从而提高反应产率;除使乙酸过量外,还可使用一个分水器,让反应生成的水随时脱离反应体系,从而达到提高产率的目的。

三、仪器与试剂

(1) 仪器:圆底烧瓶,分水器,分液漏斗,锥形瓶,蒸馏装置。

(2) 试剂:正丁醇,冰乙酸,浓硫酸,5%碳酸钠溶液,无水硫酸镁,沸石。

四、实验步骤

方法一:

在 125 mL 圆底烧瓶[1]中放入 18 mL 正丁醇(沸点为 117.7 ℃,密度为 0.8098 kg·L^{-1})、24 mL 冰乙酸(沸点为 117.9 ℃,熔点为 16.6 ℃,密度为 1.0492 kg・L⁻¹),混合均匀。小心加入 2 mL 浓硫酸,充分振摇,加入 1～2 粒沸石,装上分水器,分水器中装满水后再放出 3.5 mL,装上回流装置(见图 4-5),在石棉网上加热回流,至分水器中水层不再增加为止。

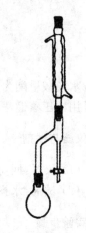

待反应混合物冷却后,倒入分液漏斗中,加水 50 mL,振荡,静置分层,分去水层。加 50 mL 水洗涤一次。再向分液漏斗中慢慢加入 30 mL 5％碳酸钠溶液,缓慢振荡分液漏斗数次,并随时放出二氧化碳气体[2],至无气体产生时,静置,分去下层水层,再用 30 mL 水洗涤有机层,分去水层。

从分液漏斗上口将酯倒入干燥的 100 mL 锥形瓶中,加入 0.5～1 g 无水硫酸镁干燥 30 min。将酯滤入干燥蒸馏瓶中(注意:不要让干燥剂倒进去),加 1～2 粒沸石,改成蒸馏装置蒸馏。收集 120～126 ℃馏分于一个已称重的干燥锥形瓶中,称重,计算产率。

图 4-5　乙酸正丁酯制备装置

乙酸正丁酯是沸点为 126.5 ℃的无色液体。

方法二(半微量法):

在 50 mL 圆底烧瓶中加入 6 mL 正丁醇、8 mL 冰乙酸,混合均匀后,小心加入 0.6 mL 浓硫酸,振摇,加入 1～2 粒沸石,装上分水器。在石棉网上加热回流,当回流的液体混合物在分水器中分层后,打开分水器活塞,放出下面的水层。随着反应的不断进行,重复上述操作,直至再无水层出现为止。停止加热,待反应混合物冷却后,将烧瓶和分水器内的混合液体倒入分液漏斗中萃取和洗涤。以下步骤与方法一相同。所用试剂可根据反应物的加入量按比例减少。

五、注意事项

[1] 在加入反应物之前,所有仪器都必须干燥。

[2] 用碳酸钠溶液洗涤时产生大量的二氧化碳气体,要及时从分液漏斗中放出。

六、思考题

(1) 粗产品中含有哪些杂质?

(2) 何谓酯化作用? 有哪些物质可以作为酯化催化剂?

实验十七　水杨酸甲酯的制备

一、实验目的

(1) 通过酯化反应合成水杨酸甲酯。

(2) 学习用减压蒸馏纯化液体产品的操作。

二、实验原理

水杨酸甲酯最早是从冬青树叶中提得的,它是冬青油的主要成分,具有特殊的香味和防腐、止痛作用,可作为香料和防腐剂,外用为止痛剂和抗风湿药。常用直接酯化法制取。

$$\underset{OH}{\underset{|}{\overset{COOH}{\bigcirc}}} + CH_3OH \overset{浓\,H_2SO_4}{\rightleftharpoons} \underset{OH}{\underset{|}{\overset{COOCH_3}{\bigcirc}}} + H_2O$$

水杨酸甲酯为无色或淡黄色液体,熔点为 $-8.3\ ℃$,沸点为 $222.2\ ℃$。由于沸点较高,因此常用减压蒸馏法纯化。

三、仪器与试剂

(1) 仪器:回流装置,分液漏斗,蒸馏装置,减压蒸馏装置。

(2) 试剂:水杨酸,甲醇,浓硫酸,饱和碳酸氢钠溶液,无水硫酸镁。

四、实验步骤

将 14 g 水杨酸置于干燥的圆底烧瓶中,加入甲醇 40.5 mL(32 g),振摇使水杨酸溶解。在不断振摇下,慢慢加入浓硫酸 8 mL。然后在水浴中加热回流 1.5~2 h。稍冷后,改成蒸馏装置回收甲醇,剩余溶液放冷后,倒入盛有 50 mL 水的分液漏斗中,振摇并静置,分出下层油状物[1],油状物用饱和碳酸氢钠溶液洗至中性[2],再用水洗 1~2 次,得水杨酸甲酯粗品。放入干燥小锥形瓶中,加入适量无水硫酸镁,振摇,放置半小时以上。过滤,将滤液进行减压蒸馏,收集 115 ℃/20 mmHg 或 101 ℃/12 mmHg 的产品,称重,计算产率。

五、注意事项

[1] 水杨酸甲酯的相对密度为 1.180~1.185,在洗涤中应注意产品在哪一层。

[2] 用饱和碳酸氢钠溶液洗涤的目的是除去硫酸和水杨酸等酸性杂质。

六、思考题

(1) 粗产品中含有哪些杂质?

(2) 反应中浓硫酸的作用是什么? 可否改用稀硫酸?

(3) 减压蒸馏的优点是什么? 为什么本实验用减压蒸馏纯化产品?

实验十八　乙酰苯胺的制备

一、实验目的

(1) 学习合成乙酰苯胺的原理和方法。

(2) 熟练掌握回流、热过滤和抽滤等操作。

二、实验原理

乙酰苯胺可以通过苯胺与酰基化试剂(如乙酰氯、乙酸酐或冰乙酸)作用来制备。乙酰氯、乙酸酐与苯胺反应过于剧烈,不宜在实验室内使用,而冰乙酸与苯胺反应比较平稳,容易控制,且价格也最为便宜,故本实验采用冰乙酸做酰基化试剂。反应式为

$$\underset{\text{NH}_2}{\text{⬡}} + \text{CH}_3\text{COOH} \Longleftrightarrow \underset{\text{NHCOCH}_3}{\text{⬡}} + \text{H}_2\text{O}$$

由于该反应是可逆的,故在反应时要及时除去生成的水来提高产率。

三、仪器与试剂

(1) 仪器:圆底烧瓶,冷凝管,分馏柱,蒸馏头,引接管,保温漏斗,布氏漏斗,抽滤瓶,锥形瓶,烧杯,表面皿。

(2) 试剂:苯胺,冰乙酸,锌粉,活性炭等。

四、实验步骤

本实验可选用装置如图 4-6(a)或图 4-6(b)所示。在所选择的装置中,向反应器内加入 5 mL 新蒸馏的苯胺(沸点为 184 ℃,熔点为 −6.3 ℃,密度为 1.02 kg・L^{-1})[1]和 7.5 mL 冰乙酸,以及少许锌粉(0.1 g)[2]。

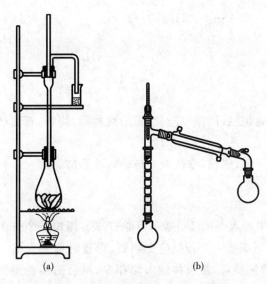

(a)　　　　　　　(b)

图 4-6　合成乙酰苯胺的反应装置

小火加热反应瓶,注意控制火焰,保持温度在 105 ℃左右加热回流 1 h,将反应中生成的水和部分乙酸蒸出。当温度下降时,说明反应已经终止,应停止加热。趁热将反应物倒入盛有 100 mL 水的烧杯中,用玻璃棒充分搅拌,冷却至室温,以使乙酰苯胺结晶成细颗粒状,使之完全析出。所得结晶用布氏漏斗抽滤,再以 10 mL 水洗涤,以除去残留的酸液。

将所得粗产品移入盛有 100 mL 热水的烧杯中,在石棉网上加热煮沸,使之完全溶解。停止加热,待 2~3 min 后加少量活性炭(0.2~0.4 g),在搅拌下再次加热煮沸 3~4 min,然后用保温过滤法进行热过滤。滤液冷却至室温,得到白色片状晶体。抽滤,将产品移至一个预先称重的表面皿中。晾干或 100 ℃以下烘干,称重,计算产率。

五、注意事项

[1] 久置的苯胺由于氧化而常常为黄色,会影响产品的品质,所以在使用前应蒸馏。

[2] 锌粉的作用是防止苯胺氧化,同时起着沸石的作用,故本实验不另加沸石。

六、思考题

(1) 为何反应温度控制在 105 ℃？再偏高有什么影响？

(2) 欲得质量较高、产量较多的乙酰苯胺，应注意哪些操作？

实验十九　　对氨基苯甲酸的合成

一、实验目的

掌握对氨基苯甲酸的合成原理与方法。

二、实验原理

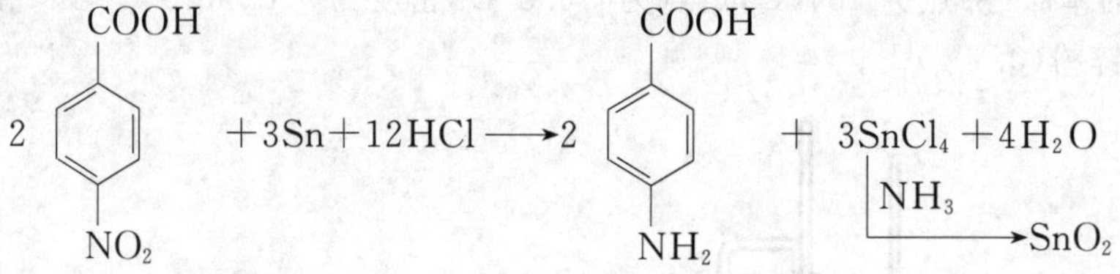

$$2 \; \text{C}_6\text{H}_4(\text{COOH})(\text{NO}_2) + 3\text{Sn} + 12\text{HCl} \longrightarrow 2 \; \text{C}_6\text{H}_4(\text{COOH})(\text{NH}_2) + 3\text{SnCl}_4 + 4\text{H}_2\text{O}$$

$$\xrightarrow{\text{NH}_3} \text{SnO}_2$$

三、仪器与试剂

(1) 仪器：50 mL 圆底烧瓶，回流冷凝管，磁力搅拌器，烧杯，石蕊试纸，蒸发皿，水浴装置，过滤装置。

(2) 试剂：对硝基苯甲酸，锡粉，浓盐酸，浓氨水，冰乙酸。

四、实验步骤

在 50 mL 圆底烧瓶中加入 2 g 对硝基苯甲酸、7.2 g 锡粉及 20 mL 浓盐酸，装上回流冷凝管，用小火缓慢加热并间断振摇[1]。若反应太剧烈，则暂时移去火焰。待溶液澄清后（加入的锡粉不一定完全溶解），放置冷却，把液体倾入烧杯中，剩余的锡粉用少量水洗涤[2]，洗涤液与烧杯中液体合并在一起。滴加浓氨水于烧杯中至用石蕊试纸检测呈碱性。放置片刻，滤去生成的二氧化锡，用少量水洗涤。收集滤液于适当大小的蒸发皿中，滴加冰乙酸于滤液中使其呈微酸性[3]，于通风橱内水浴浓缩到开始有结晶析出。放置冷却过滤。滤液再浓缩，可得第二批生成的对氨基苯甲酸。干燥后称重。

纯对氨基苯甲酸熔点为 188～189 ℃。

五、注意事项

[1] 可安装磁力搅拌器，以提高反应效果。

[2] 水洗锡粉的目的是将吸附在锡表面的产物洗下。

[3] 加冰乙酸，调节 pH＝5。

六、思考题

(1) 在进行哪些有机化学反应时需要保护氨基？为什么？

（2）用于保护基团的反应有什么特点？举例说明。

实验二十　甲基红的制备

一、实验目的

（1）学习重氮盐的制备技术，体会重氮盐的控制条件。

（2）掌握重氮盐偶联反应，学习制备甲基红的实验方法。

（3）进一步练习过滤、洗涤、重结晶等基本操作。

二、实验原理

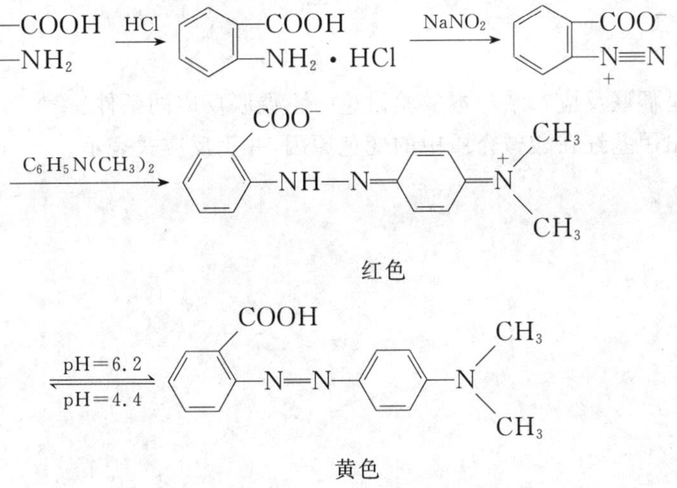

红色

黄色

三、仪器与试剂

（1）仪器：100 mL 烧杯，锥形瓶，抽滤瓶，布氏漏斗，水浴锅。

（2）试剂：邻氨基苯甲酸，亚硝酸钠，N,N-二甲基苯胺，1：1（浓盐酸与水体积比）的盐酸，95％乙醇，甲苯，甲醇。

四、实验步骤

在 100 mL 烧杯中，加入邻氨基苯甲酸 3 g 和 1：1 的盐酸 12 mL，加热使其溶解，放置冷却，待结晶析出后，抽滤，用少量冷水洗涤晶体[1]，干燥后得邻氨基苯甲酸盐酸盐（约为 3.2 g）。取 1.7 g 邻氨基苯甲酸盐酸盐，放入 100 mL 锥形瓶中，加入 30 mL 水使其溶解。将溶液在冰水浴中冷却到 5～10 ℃，然后倒入 5 mL 溶有 0.7 g 亚硝酸钠的水溶液中，振荡，即制得重氮盐溶液，放在冰浴中备用。

在另一锥形瓶中，加入 1.2 mL N,N-二甲基苯胺、12 mL 95％乙醇，摇匀后倾入上述制备的重氮盐溶液中，用塞子塞紧瓶口，用力振荡片刻，放置后即有甲基红析出。过滤结晶，用少量甲醇洗一次，干燥，称重。

按每克甲基红用 15～20 mL 甲苯的比例，将粗品用甲苯重结晶[2,3]。在热水浴中使溶液慢慢冷却，得到紫黑色粒状晶体。滤出晶体，用少量甲苯洗一次，干燥并称重。

纯净甲基红的熔点为 181～182 ℃。

甲基红是一种酸碱指示剂,变色范围为 pH 4.4～6.2,颜色由红变黄。在试管中用水溶解少量甲基红,先后滴加稀盐酸和稀氢氧化钠溶液,观察溶液颜色的变化。

五、注意事项

[1] 邻氨基苯甲酸盐酸盐在水中溶解度很大,只能用少量水洗涤。

[2] 为了得到较好的结晶,将趁热过滤下来的甲苯溶液再加热回流,然后放入热水中令其缓缓冷却。抽滤收集后,可得到有光泽的片状晶体。

[3] 甲基红的完全析出较慢,须放置 2 h 以上,最好过夜。甲基红沉淀极难过滤,如果沉淀凝成大块,可用水浴加热,令其溶解,缓缓冷却,放置 2～3 h。为了得到大颗粒结晶,须在热水浴中令其慢慢冷却。

六、思考题

(1) 什么是偶联反应? 结合本实验讨论一下偶联反应的条件。

(2) 试说出甲基红在酸碱介质中的变色原因,并用反应式表示。

第5章　天然产物的提取实验

实验一　从茶叶中提取咖啡因

一、实验目的

(1) 通过本实验了解从天然产物中提取生物碱的全过程。

(2) 掌握用索氏(Soxhlet)提取器进行固-液萃取的操作方法。

(3) 复习巩固回流操作。

(4) 掌握升华的原理,以及用升华进行固体有机化合物提纯的操作方法。

(5) 掌握紫外分光光度计的工作原理和使用方法。

(6) 培养从天然产物中提取、分离和鉴定有机化合物的思维方法。

二、实验原理

咖啡因(又称咖啡碱)是杂环族化合物嘌呤的衍生物,它的化学名称是1,3,7-三甲基-2,6-二氧嘌呤,其结构式如下:

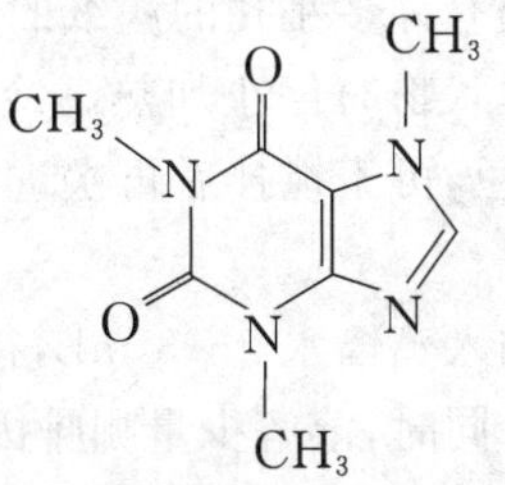

咖啡因存在于茶叶、可可、咖啡豆等植物体内,是茶叶和咖啡中对人类有用处的活性成分。它具有刺激心脏、兴奋大脑神经和利尿等作用,因此可作为中枢神经兴奋药。咖啡因是一种生物碱,茶叶中含有多种生物碱,以咖啡因为主,占茶叶质量的1%～5%。此外茶叶中还含有11%～12%的单宁酸(又称鞣酸),0.6%的色素、纤维素、蛋白质等。咖啡因为白色针状晶体,通常含有一分子结晶水($C_8H_{10}O_2N_4 \cdot H_2O$),弱碱性,易溶于水(2%)、乙醇(2%)、苯等溶剂。咖啡因受热到100 ℃时即失去结晶水,并开始升华。

本实验利用咖啡因易溶于乙醇的性质,采用乙醇提取茶叶中的咖啡因,回收乙醇后得到富含咖啡因的粗品,再利用咖啡因易于升华的性质进行分离和提纯,最后用生物碱试剂和紫外分光光度法进行鉴定。

本实验采用索氏提取器连续回流提取。索氏提取器的工作原理如下:利用溶剂回流和虹吸原理,使固体物质每一次都能为纯的溶剂所萃取,所以萃取效率较高。萃取前应先将固体物质研磨细,以增加液体浸溶的面积。然后将固体物质放在滤纸套内,放置于萃取室中。如图5-1所示安装仪器。当溶剂受热沸腾后,蒸气通过导气管上升,被冷凝为液体滴入提取器中。当液面超过虹吸管最高处时,即发生虹吸现象,溶液回流入烧瓶,因此可萃取出溶于溶剂的部分物质。就这样利用溶剂回流和虹吸作用,使固体中的可溶物富集到烧瓶内。

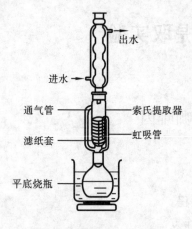

出水
进水
通气管 —— 索氏提取器
滤纸套 —— 虹吸管
平底烧瓶

图 5-1　咖啡因提取装置

三、仪器与试剂

(1)仪器:索氏提取器,球形冷凝管,平底烧瓶,直形冷凝管,引接管,锥形瓶,玻璃漏斗,蒸发皿,研钵,滤纸套,试管,紫外分光光度计。

(2)试剂:茶叶,95%乙醇,生石灰粉,河沙,蒸馏水,饱和鞣酸溶液。

四、实验步骤

1. 提取

称取 10 g 茶叶末,放入索氏提取器的滤纸套中,在平底烧瓶内加入 95%乙醇125 mL,加热萃取,连续提取 2～3 h(提取液颜色很淡时,即可停止提取)后,待冷凝液刚刚虹吸下去时,立即停止加热。

2. 蒸馏浓缩

改用蒸馏装置,蒸出大部分乙醇(倒入回收瓶),再把残余液(约 10 mL)倒入蒸发皿中。

3. 碱处理

拌入 3～4 g 生石灰粉,在水蒸气浴上蒸干。最后将蒸发皿移至酒精灯上焙烧片刻,务必将水分全部除去。冷却后,擦去沾在边上的粉末,以免在升华时污染产物。

4. 升华

取一个合适的玻璃漏斗,罩在隔有许多小孔的滤纸的蒸发皿上,沙浴小火加热升华。当从小孔中冒出白烟,漏斗上出现黄色油状物时停止加热。冷却 5 min 左右,取下漏斗和滤纸,将咖啡因用小刀刮下。残渣如果为绿色,可于搅拌后再次进行升华,使之收集完全。

5. 检验

取少量咖啡因于洁净试管内,加入蒸馏水 2～3 mL,待咖啡因溶解完全后,滴入 1 滴饱和鞣酸溶液,观察有无白色沉淀生成。同时,溶解少量咖啡因于少量的蒸馏水中,用石英比色皿,在紫外分光光度计上在 200～400 nm 范围内进行紫外扫描,得到产品的紫外吸收光谱图,再与标准图谱比较。

五、注意事项

(1)索氏提取器的虹吸管很细,非常容易折断,安装和使用仪器时须特别小心。

(2)滤纸套大小以紧贴器壁,高度不超过虹吸管为宜。滤纸包茶叶末时要严实,以防漏出堵塞虹吸管。滤纸套上面折成凹形,确保回流液均匀润湿萃取物。

(3)提取液接近无色时,即可停止提取。

(4)蒸馏时烧瓶中的乙醇不可蒸得太干,以免残渣太黏,转移困难且损失大。

(5)残液用生石灰粉处理,主要是吸水和中和以除去酸性物质。

(6)升华时始终以小火间接加热,温度太高则产物会发黄,温度计放在合适的位置,正确反映升华的温度。无沙浴时用简易的空气浴加热,即将蒸发皿底部离开石棉网进行加热,温度计放在适当的位置以指示升华温度。

六、思考题

（1）总结提纯固体物质的方法及其使用范围。

（2）简要说明用索氏提取器进行固-液萃取的工作原理。用索氏提取器进行固-液萃取有何优点？

（3）提取咖啡因时加入生石灰起什么作用？

（4）蒸干水分时为什么要用水蒸气浴而不直接加热？

实验二　菠菜色素的提取和色素的分离

一、实验目的

（1）通过菠菜色素的提取和分离，了解天然物质的分离提纯方法。

（2）通过柱色谱和薄层色谱分离操作，深入了解微量有机物色谱分离鉴定的原理。

（3）通过植物色素的提取与分离，加深对天然色素有关知识的理解。

二、实验原理

绿色植物（如菠菜）叶中含有叶绿素（绿色）、胡萝卜素（橙色）和叶黄素（黄色）等多种天然色素。

叶绿素存在两种结构相似的形式，即叶绿素 a($C_{55}H_{72}O_5N_4Mg$)和叶绿素 b($C_{55}H_{70}O_6N_4Mg$)，其差别仅是叶绿素 a 中一个甲基被甲酰基所取代从而形成叶绿素 b。它们都是吡咯衍生物与金属镁的配合物，是植物进行光合作用所必需的催化剂。植物中叶绿素 a 的含量通常是叶绿素 b 的 3 倍。尽管叶绿素分子中含有一些极性基团，但大的烃基结构使它易溶于醚、石油醚等一些非极性的溶剂。

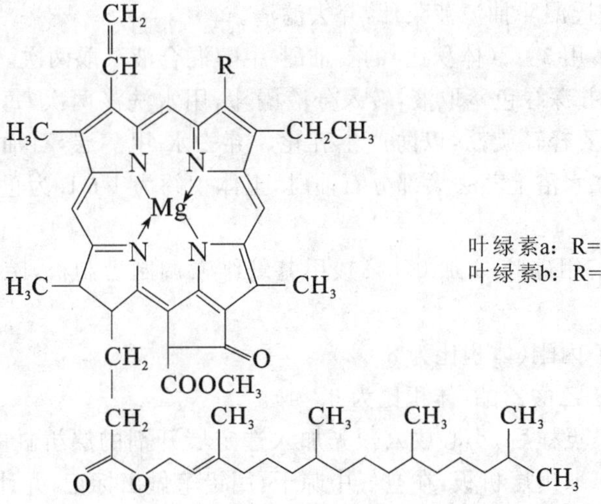

叶绿素a: R=CH₃
叶绿素b: R=CHO

胡萝卜素($C_{40}H_{56}$)是具有长链结构的共轭多烯。它有三种异构体，即 α-胡萝卜素、β-胡萝卜素和 γ-胡萝卜素，其中 β-胡萝卜素含量最多，也最重要。在生物体内，β-胡萝卜素受酶催化氧化形成维生素 A。目前 β-胡萝卜素已可进行工业生产，可作为维生素 A 使用，也可作为食品工业中的色素。

叶黄素($C_{40}H_{56}O_2$)是胡萝卜素的羟基衍生物,它在绿叶中的含量通常是胡萝卜素的2倍。与胡萝卜素相比,叶黄素较易溶于醇而在石油醚中溶解度较小。

本实验从菠菜中提取上述几种色素,并通过薄层色谱和柱色谱进行分离。

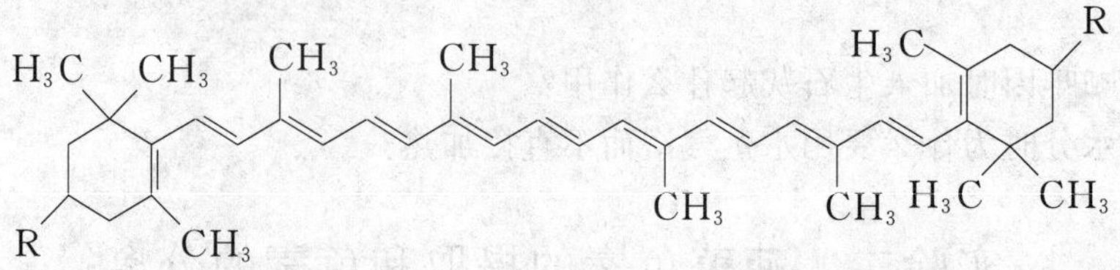

β-胡萝卜素:R=H　　　　　　　叶黄素:R=OH

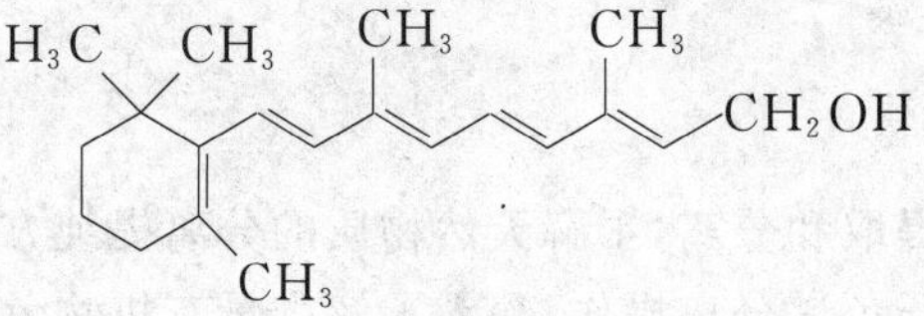

维生素 A

三、仪器与试剂

(1) 仪器:研钵,布氏漏斗,分液漏斗,三角漏斗,圆底烧瓶,直形冷凝管,层析缸,层析柱,水浴锅,烧杯,锥形瓶等。

(2) 试剂:硅胶 G,中性氧化铝,甲醇,石油醚(60~90 ℃),无水硫酸钠,丙酮,乙酸乙酯,丁醇,菠菜叶等。

四、实验步骤

1. 菠菜色素的提取

称取 30 g 洗净后的新鲜(或冷冻)的菠菜叶,用剪刀剪碎并与 30 mL 甲醇拌匀,在研钵中研磨约 5 min,然后用布氏漏斗抽滤菠菜汁,弃去滤渣。

将菠菜汁放回研钵,用 3∶2(体积比)的石油醚-甲醇混合液萃取两次,每次 30 mL,每次须加以研磨并且抽滤。合并深绿色萃取液,转入分液漏斗,用水洗涤两次,每次 5 mL,以除去萃取液中的甲醇。洗涤时要轻轻旋荡,以防产生乳化。弃去水-甲醇层,石油醚层用无水硫酸钠干燥后滤入圆底烧瓶,在水浴上蒸去大部分石油醚,至体积约为 1 mL 为止。

2. 薄层层析

取四块显微载玻片,用硅胶 G 加 0.5% 羧甲基纤维素调制后制板,晾干后在 110 ℃活化 1 h。

展开剂:(a) 石油醚-丙酮(体积比为 8∶2);
　　　　(b) 石油醚-乙酸乙酯(体积比为 6∶4)。

取活化后的层析板,点样后,小心放入预先加入选定展开剂的层析缸内,盖好缸盖。待展开剂上升至规定高度时,取出层析板,在空气中晾干,用铅笔做出标记,并计算出 R_f 值。

分别用展开剂 a 和 b 展开,比较不同展开剂系统的展开效果。观察斑点在板上的位置并排列出胡萝卜素、叶绿素和叶黄素的 R_f 值的大小次序。注意更换展开剂时,须干燥层析缸。

3. 柱层析

在层析柱中,加 3 cm 高的石油醚。另取少量脱脂棉,先在小烧杯中用石油醚浸湿,挤压以驱除气泡,然后放在层析柱底部,轻轻压紧,塞住底部。将 3 g 层析用的中性氧化铝(150～160 目)从三角漏斗中缓缓加入,小心打开柱下活塞,保持石油醚高度不变,流下的氧化铝在柱子中堆积。必要时用橡皮锤轻轻在层析柱的周围敲击,使吸附剂填装得均匀致密。柱中溶剂面由下端活塞控制,既不能满溢,更不能干涸。装完后,上面再加一片圆形滤纸,打开下端活塞,放出溶剂,直到氧化铝表面溶剂剩下 1～2 mm 高时关上活塞(注意! 在任何情况下,氧化铝表面不得露出液面)。

将上述菠菜色素的浓缩液用滴管小心地加到层析柱顶部,加完后,打开下端活塞,让液面下降到柱面以上 1 mm 左右,关闭活塞,加数滴石油醚,打开活塞,使液面下降,经几次反复,使色素全部进入柱体。

待色素全部进入柱体后,在柱顶小心加洗脱剂——石油醚-丙酮溶液(体积比为 9∶1)。打开活塞,让洗脱剂逐滴流出,层析即开始进行,用锥形瓶收集。当第一个有色成分即将滴出时,取另一锥形瓶收集,得橙黄色溶液,它就是胡萝卜素。

用石油醚-丙酮(体积比为 7∶3)作洗脱剂,分出第二个黄色带,它是叶黄素。再用丁醇-乙醇-水(体积比为 3∶1∶1)洗脱叶绿素 a(蓝绿色)和叶绿素 b(黄绿色)。

五、注意事项

叶黄素易溶于醇而在石油醚中溶解度较小,从嫩绿菠菜得到的提取液中,叶黄素含量很少,柱色谱中不易分出黄色带。

六、思考题

(1)试比较叶绿素、叶黄素和胡萝卜素三种色素的极性。为什么胡萝卜素在层析柱中移动最快?

(2)为什么必须保证所装柱中没有空气泡?

(3)柱色谱所选择的洗脱剂为什么要先用非极性或弱极性的,然后使用较强极性的洗脱剂洗脱?

实验三　从黄连中提取黄连素

一、实验目的

(1)学习从中草药提取生物碱的原理和方法。

(2)学习减压蒸馏的操作技术。

(3)进一步掌握索氏提取器的使用方法,巩固减压过滤操作。

二、实验原理

从黄连中提取黄连素时,往往采用适当的溶剂(如乙醇、水、硫酸等),在索氏提取器中连续抽提,然后浓缩,再加酸进行酸化,得到相应的盐。粗产品可以采取重结晶等方法进行提纯。

黄连素被硝酸等氧化剂氧化,转变为樱红色的氧化黄连素。

黄连素在强碱中部分转化为醛式黄连素,在此条件下,再加几滴丙酮,即可发生缩合反应,生成丙酮与醛式黄连素缩合产物,为黄色沉淀。

三、仪器与试剂

(1) 仪器:研钵,磁力搅拌电热套,平板电炉,索氏提取器,250 mL 圆底烧瓶,克氏蒸馏头,直形冷凝管,引接管,100 mL 磨口锥形瓶,100 mL 烧杯,抽滤装置。

(2) 试剂:黄连,95%乙醇,1%乙酸,浓盐酸,蒸馏水。

四、实验步骤

(1) 称取 10 g 黄连,切碎研细,装入索氏提取器的滤纸套筒内,250 mL 圆底烧瓶内加入 100 mL 95%乙醇,加热萃取 2~3 h,至回流液体颜色很淡为止。

(2) 进行减压蒸馏,回收大部分乙醇,至瓶内残留液体呈棕红色糖浆状,停止蒸馏。

(3) 浓缩液里加入 1%乙酸 30 mL,加热溶解后,趁热抽滤去掉固体杂质,在滤液中滴加浓盐酸,至溶液混浊为止(约需 10 mL)。

(4) 用冰水冷却上述溶液,降至室温下以后即有黄色针状的黄连素盐酸盐析出。抽滤,所得结晶用冰水洗涤两次,可得黄连素盐酸盐的粗产品。

(5) 精制:将粗产品(未干燥)放入 100 mL 烧杯中,加入 30 mL 水,加热至沸,搅拌沸腾几分钟,趁热抽滤,滤液用盐酸调节 pH 为 2~3,室温下放置几小时,有较多橙黄色晶体析出后抽滤,滤渣用少量冷水洗涤两次,烘干即得成品。

五、注意事项

(1) 黄连切碎研细困难,可以采用粉碎机破碎再称量粉末。

(2) 最好用冰水浴冷却。

(3) 如果晶形不好,可用水重结晶一次。

(4) 得到纯净的黄连素比较困难。将黄连素盐酸盐加热水至刚好溶解,煮沸,用石灰乳调至 pH=8.5~9.8,冷却后滤去杂质,滤液继续冷却到室温以下,即有针状的黄连素析出,抽滤,将结晶在 50~60℃下干燥。

(5) 产品检验:

方法一:取盐酸黄连素少许,加浓硫酸 2 mL,溶解后加几滴浓硝酸,即呈樱红色溶液。

方法二:取盐酸黄连素约 50 mg,加蒸馏水 5 mL,缓缓加热,溶解后加 20%氢氧化钠溶液 2 滴,显橙色,冷却后过滤,滤液加丙酮 4 滴,即出现混浊。放置后生成黄色的丙酮黄连素沉淀。

六、思考题

(1) 本实验中,为什么要用减压蒸馏? 如果改用常压蒸馏对实验结果会有什么影响?

(2) 在滤液中加入浓盐酸为什么会出现沉淀?

实验四　从番茄中提取番茄红素

一、实验目的

(1) 掌握从天然产物中提取色素的原理及操作方法。

(2) 掌握用薄层色谱初步定性的方法。

二、实验原理

番茄红素属于类胡萝卜素,是以异戊二烯残基为单元组成的长链共轭双键结构的多烯色素,不溶于水,难溶于乙醇而溶于脂溶性的有机溶剂。用乙醇将番茄中其他脂溶性物质除去,再利用脂溶性溶剂对番茄红素进行提取。

根据番茄红素与 β-胡萝卜素极性的差别,用柱色谱可以将它们分离。分离效果可以用薄层色谱进行检验。

三、仪器与试剂

(1) 仪器:100 mL 圆底烧瓶,球形冷凝管,200 mL 分液漏斗,层析柱,薄层色谱板,电热套,抽滤装置。

(2) 试剂:新鲜番茄,95% 乙醇,二氯甲烷,饱和氯化钠溶液,无水硫酸钠,石油醚,氧化铝。

四、实验步骤

(1) 称取 20 g 新鲜番茄,捣碎,转移至 100 mL 圆底烧瓶中,加 95% 乙醇 40 mL,摇匀,装上球形冷凝管,在水浴上加热回流 5 min,趁热将溶液倾出,残渣留在圆底烧瓶内。

(2) 向圆底烧瓶中加入 30 mL 二氯甲烷,水浴加热回流 5 min,冷却,将上层溶液倾出,向圆底烧瓶中再加 10 mL 二氯甲烷重复萃取一次。

(3) 合并乙醇和两次二氯甲烷提取液,倒入分液漏斗,加 5 mL 饱和氯化钠溶液,振荡,静置分层,分出橙黄色二氯甲烷层。

(4) 二氯甲烷提取液用无水硫酸钠干燥,水浴蒸干待用。

(5) 用石油醚和氧化铝装层析柱,活化。

(6) 将提取的色素用 1 mL 石油醚溶解,用滴管加入层析柱的上层,打开活塞,让色素流到氧化铝上,如此反复几次将色素完全移入层析柱。用滴管沿四周加石油醚,将柱壁上的色素洗下。然后用大量的石油醚洗脱。

(7) 分别收集黄色和红色部分,在通风橱内水浴蒸干。

(8) 将样品分别溶于尽可能少的二氯甲烷中,尽快进行薄层层析。

五、注意事项

(1) 新鲜番茄果肉组织中含有大量水分,番茄红素处在含水量很高的细胞环境中,有机溶剂不易渗透进去。为了提高提取效率,应当将番茄充分捣碎。

(2) 加热回流操作温度不可过高,以免色素受热破坏。

(3) 浓缩提取液时应当用水浴加热蒸馏瓶,最好用减压蒸馏,不可蒸得太干,以免番茄红素受热分解破坏。

(4) 柱层析湿法上样时要小心操作,待色素全部被固定相吸附才可以用大量流动相冲淋,也可以采用干法上样。

六、思考题

(1) 本实验中,加乙醇的目的是什么? 如果省略这一步对实验有什么影响?

(2) 为了减少色素的损失,实验过程中需要注意哪些细节?

(3) 柱色谱和薄层色谱的操作要点是什么?

实验五　肉桂皮中肉桂醛的提取与鉴定

一、实验目的

(1) 了解从天然产物中提取有效成分的方法。

(2) 熟练水蒸气蒸馏的操作技术。

二、实验原理

许多植物具有独特的令人愉快的气味,植物的这种香气是由其所含的香精油所致。香精油是植物组织经水蒸气蒸馏得到的挥发性成分的总称。本实验桂皮中香精油(肉桂油)的主要成分是肉桂醛。由于肉桂油难溶于水,能随水蒸气蒸发,因此可用水蒸气蒸馏的方法提取肉桂油。

利用肉桂醛具有加成和氧化的性质进行肉桂醛官能团的定性鉴定,这种方法具有操作简单、反应快等特点,对化合物鉴定非常有效。肉桂醛也可用薄层色谱、红外光谱等进一步鉴定。

三、仪器与试剂

(1) 仪器:水蒸气蒸馏装置,分液漏斗,普通蒸馏装置,水浴锅,烧杯,试管。

(2) 试剂:肉桂皮,石油醚(b. p. 60～90 ℃),无水硫酸钠,3%Br_2的CCl_4溶液,2,4-二硝基苯肼,0.5%$KMnO_4$溶液。

四、实验步骤

1. 肉桂醛的提取

(1) 水蒸气蒸馏提取:取 15 g 肉桂皮,放入 250 mL 圆底烧瓶中,加 50 mL 热水和几粒沸石,安装好水蒸气蒸馏装置(见图 5-2),进行水蒸气蒸馏。肉桂油与水的混合物以乳浊液流出,当收集约 80 mL 馏出液时,停止蒸馏。

(2) 萃取:将馏出液转移至分液漏斗,用 30 mL 石油醚分三次萃取。合并石油醚层,加少量无水硫酸钠,干燥 30 min。

(3) 蒸馏浓缩:将干燥后的石油醚转入 50 mL 圆底烧瓶中,安装蒸馏装置,水浴加热,回收石油醚。当蒸馏瓶内只有 4～6 mL 残留液体时,停止蒸馏。将残液移入已称重的小烧杯(或试管)中,在通风橱中用沸水浴加热,蒸发掉残余的石油醚。擦去烧杯(或试管)外部的水,风干得肉桂油,称重,以肉桂皮为基准计算收率。

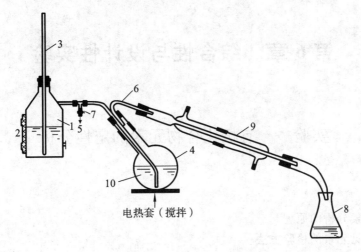

图 5-2 水蒸气蒸馏装置

1—水蒸气发生器；2—液位计；3—安全玻璃管；4—圆底烧瓶；5—水蒸气导入管；
6—水蒸气导出管；7—弹簧夹；8—接收器；9—冷凝管；10—样品溶液

2．肉桂油中肉桂醛的鉴定

（1）取 2 滴肉桂油于试管中，加入 1 mLCCl$_4$，再滴加 3％ Br$_2$ 的 CCl$_4$ 溶液，观察溴的红棕色是否褪去。

（2）取 2 滴肉桂油于试管中，加入 1 mL2,4 二硝基苯肼，水浴加热，观察有无橘红色沉淀生成。

（3）取 2 滴肉桂油于试管中，加入 4～5 滴 0.5％KMnO$_4$ 溶液，边加边振荡试管，并注意观察溶液颜色的变化，在水浴上稍温热，观察有无棕黑色沉淀生成。

（4）取 2 滴肉桂油，测其红外光谱，与肉桂醛的标准红外光谱比较，对照其主要官能团的出峰位置。

五、注意事项

（1）肉桂皮要粉碎或用研钵研碎。

（2）水蒸气蒸馏时，如果发生堵塞，应先打开 T 形管上的弹簧夹，使导气管通畅后再进行蒸馏。

（3）水蒸气蒸馏时，先使反应瓶中的水稍沸，然后通入水蒸气，使进入水蒸气的速率和蒸馏的速率达到一致就可以防止反应体系中水过多。

（4）本法制得的肉桂油中肉桂醛的含量可达 90％，还含有丁子香酚等。

六、思考题

（1）为什么可以采用水蒸气蒸馏的方法提取肉桂醛？除了用水蒸气蒸馏的方法提取外，还可用什么方法？

（2）是否可用索氏提取器提取肉桂醛？如果可以，请你设计一种实验方法。

（3）本实验中还可采取哪些方法来鉴定肉桂油的主要成分？

第6章　综合性与设计性实验

实验一　有机化合物元素的定性分析

一、实验目的

(1) 学习元素分析的原理。

(2) 掌握常见元素的检验方法。

二、实验原理

有机化合物中常见的元素除碳、氢、氧外，还有氮、硫和卤素，有些有机化合物还含有其他元素，如磷、砷和硅以及某些金属元素等。有机化合物元素定性分析的目的在于鉴定哪些元素组成该有机化合物，必要时在此基础上进行元素定量分析或官能团鉴定。

有机化合物一般都含有碳和氢，可用燃烧法鉴定，当然如已知要分析的样品是有机化合物，一般可不再定性鉴定其中的碳和氢。氧的鉴定目前还没有好的办法，通常是通过官能团鉴定或根据定量分析结果来判断其是否存在。

由于有机化合物中的各种元素原子大都以共价键相结合，很难在水中解离成相应的离子，因此需要将样品分解，使元素转变成相应的无机离子，再利用无机分析来鉴定。分解样品的方法很多，最常用的方法是钠熔法，即将有机物与金属钠共熔，有机化合物中的氮、硫、卤素等转变为氰化钠、硫化钠、硫氰化钠、卤化钠等可溶于水的无机化合物，然后进行鉴定。

$$\text{有机化合物} + Na \xrightarrow{\text{熔融}} NaCN + Na_2S + NaSCN + NaX + NaOH$$
$$(\text{含 C、H、O、N、S、X})$$

1. 碳、氢的鉴定

如果物质燃烧生成带烟的火焰或分解成炭化物残渣，说明其中含碳元素，但是并非所有的有机化合物受热时都能燃烧或炭化，通常的鉴定方法是将样品与干燥氧化铜粉末混合后强热，使碳生成二氧化碳，将二氧化碳通入饱和氢氧化钡溶液或石灰水中，若生成白色沉淀则说明含有碳元素。

$$Ca(OH)_2 + CO_2 \longrightarrow CaCO_3 \downarrow + H_2O$$
$$Ba(OH)_2 + CO_2 \longrightarrow BaCO_3 \downarrow + H_2O$$

若生成水则说明化合物含有氢，水蒸气冷却后凝成水珠附着在管壁上，也可以用无水硫酸铜鉴定。无水硫酸铜是白色粉末，当其与水作用时生成蓝色物质，这是因为生成含结晶水的硫酸铜。

2. 氮、硫的鉴定

将样品与金属钠共熔，使有机化合物中的氮、硫等元素转变为可溶于水的无机化合物，然后分别鉴定 CN^-、S^{2-} 等离子。

CN^- 用生成普鲁士蓝蓝色沉淀的方法来鉴定。

$$FeSO_4 + 6NaCN \longrightarrow Na_4[Fe(CN)_6] + Na_2SO_4$$

$$3Na_4Fe(CN)_6 + 4FeCl_3 \longrightarrow Fe_4[Fe(CN)_6]_3 \downarrow + 12NaCl$$

普鲁士蓝

S^{2-} 酸化煮沸后放出硫化氢气体，用乙酸铅试纸检验，试纸将变成黑褐色的硫化铅。

$$Na_2S + 2HAc \longrightarrow H_2S \uparrow + 2NaAc$$

$$H_2S + Pb(Ac)_2 \longrightarrow PbS \downarrow + 2HAc$$

还可以在钠熔溶液中加入新制的亚硝基铁氰化钠，若溶液呈紫红色则表示有硫，反应很灵敏。

$$Na_2S + Na_2Fe(CN)_5NO \longrightarrow Na_4Fe(CN)_5(NOS)$$

若样品中含有氮和硫，钠熔时钠的用量不足，分解不完全，则不生成 CN^-、S^{2-}，而生成硫氰化钠，可用三氯化铁鉴定，生成血红色的 $Fe(SCN)_3$，也可以鉴定硫和氮。

$$FeCl_3 + 3NaSCN \longrightarrow Fe(SCN)_3 + 3NaCl$$

3. 卤素的鉴定

（1）卤化银沉淀法：若有机化合物无硫、氮元素，可将钠熔溶液用硝酸直接酸化，滴入 5% 硝酸银溶液以鉴定卤素。若有机化合物含有硫、氮元素，可将钠熔溶液用稀硝酸酸化，煮沸驱除氰化氢和硫化氢后（在通风橱中进行），加 5% 硝酸银溶液，如生成卤化银沉淀，则说明含有卤素。根据析出沉淀的颜色可以初步推测含有何种卤离子。

$$NaX + AgNO_3 \longrightarrow AgX \downarrow + NaNO_3$$

氯化银为白色沉淀，溴化银为浅黄色沉淀，碘化银为黄色沉淀，而氟化银则是可溶性的。

（2）颜色反应（Beilstein test）：用细铜丝弯成圆圈并在火焰上灼烧，直至火焰不显绿色为止。冷却后再沾少许含有卤素的有机化合物，放在灯焰边缘上灼烧，若有绿色火焰出现，证明可能含有卤素元素。然而，这个反应并不是卤素的特有反应，原因是含硫等一些有机化合物在此情况下也能产生绿色火焰。此法仅仅是确定是否含有卤素元素，到底含有哪一种卤素，还需要进一步鉴定。

（3）溴和碘的鉴定：利用氯单质将碘离子或溴离子氧化为碘单质及溴单质。

$$2I^- + Cl_2 \longrightarrow 2Cl^- + I_2 \qquad (CCl_4 层紫色)$$

$$I_2 + 5Cl_2 + 6H_2O \longrightarrow 2IO_3^- + 12H^+ + 10Cl^- \qquad (CCl_4 层紫色褪去)$$

$$2Br^- + Cl_2 \longrightarrow 2Cl^- + Br_2 \qquad (CCl_4 层出现棕色)$$

三、仪器与试剂

（1）仪器：硬质试管，小试管，铁架台，镊子，表面皿，漏斗，烧杯，酒精灯，乙酸铅试纸等。

（2）试剂：固体未知物样品，液体未知物样品，氧化铜，饱和氢氧化钡溶液，钠，10% 乙酸溶液，亚硝基铁氰化钠，10% 氢氧化钠溶液，硫酸亚铁，5% 三氯化铁溶液，10% 硫酸溶液，稀盐酸，5% 硝酸银溶液，稀硫酸，浓硝酸，四氯化碳，5% 硝酸溶液，饱和氯水，稀硝酸，0.1% 氨水，浓硫酸，0.5% 过硫酸钠溶液。

四、实验步骤

1. 碳和氢的鉴定

取 0.2 g 干燥的样品与 1 g 干燥的氧化铜粉末[1]，放在表面皿上混匀，放入干燥的硬质试管中。将试样平铺于硬质试管底部，配一个单孔软木塞，插上一支导管，导管另一端插入盛有饱和氢氧化钡溶液的试管中，如图 6-1 所示。将装有试样的试管横夹在铁架台上，试管口微低

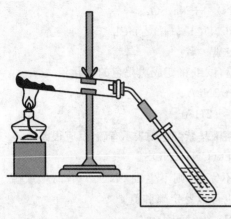

图 6-1　碳氢检验装置

于试管底部。用小火焰先在装有试样的试管上部开始预热,逐渐移至试管底部,然后加大火焰强热。如果试管壁上有水珠出现,证明试样中含有氢;如氢氧化钡溶液变成白色混浊或有沉淀析出,证明含有碳。实验完毕,先将导管从氢氧化钡溶液中取出,然后熄灭酒精灯。

2. 钠熔法分解试样

将干净的硬质试管(ϕ12 mm×120 mm)1 支,垂直固定于铁架台上。用镊子取小块金属钠,用小刀切取表面光滑、黄豆大小的一粒,用滤纸吸干表面煤油,迅速投入试管中[2],立即在试管底部加热,使钠熔化。当钠的蓝白色蒸气高达 10～15 mm[3]时,立即加入约 0.1 g 的固体样品[4]使其直落管底[5]。强热至试管红热时,再加热 1～2 min 使样品全部分解,立即将红热的试管浸入盛有 15 mL 纯水的小烧杯中,使试管底部破裂。煮沸,除去大部分的碎片,过滤,用 5 mL 纯水洗涤残渣,得无色透明的钠熔溶液。若溶液呈棕色,表示加热不足,分解不完全,须重做。

3. 氮、硫的鉴定

(1) 硫的鉴定。

方法 1:取 2 mL 钠熔溶液于小试管中,加入 10%乙酸溶液使其成酸性,煮沸,将乙酸铅试纸置于管口,若有棕黑色斑迹,表明含有硫。

方法 2:取一小粒亚硝基铁氰化钠溶于数滴水中,将此溶液滴入盛有钠熔溶液的 1 mL 试管中,混合后若溶液呈紫红色或棕红色,表明含有硫。

(2) 氮的鉴定:取钠熔溶液 2 mL,加入几滴 10%氢氧化钠溶液,再加入一小粒硫酸亚铁晶体或 3～4 滴新配制的硫酸亚铁饱和溶液,将混合液煮沸 1 min,如有黑色沉淀,须过滤除去(或用吸管小心吸取上清液,残渣弃去)。若无黑色沉淀无须过滤),冷却后加 2～3 滴 5%三氯化铁溶液,再加 10%硫酸溶液使氢氧化铁沉淀恰好溶解,若有蓝色沉淀生成,表明含有氮。

(3) 氮和硫同时存在时:取钠熔溶液 1 mL,加入几滴稀盐酸,再加入 1～2 滴 5%三氯化铁溶液,如呈现红色,表明同时含有氮和硫。

4. 卤素的鉴定

取钠熔溶液 1 mL 于小试管中,用 5%硝酸溶液酸化,在通风橱里煮沸逐出氰化氢和硫化氢(均有毒,勿吸入! 若上述实验结果中不含氮和硫,则不必煮沸),放冷后加几滴 5%硝酸银溶液,如有沉淀,表明含有卤素。

取 2 mL 滤液,用硫酸酸化,微沸数分钟,冷却后加入 1 mL 四氯化碳和 1 滴新配制的氯水,如四氯化碳层呈紫色,表明溶液中含有碘。继续加入氯水,边加边振摇,如紫色褪去,出现棕黄色,表明含有溴[6]。

按上述方法鉴定含有卤素,而不含有溴和碘,表明含的卤素为氯。

若同时含有硫、氮、溴和碘,取 10 mL 滤液,用稀硝酸酸化,在通风橱里煮沸逐出氰化氢和硫化氢后,加入足量的硝酸银,使卤化银完全沉淀。过滤,弃去滤液,沉淀用 30 mL 水洗涤,再用 20 mL 0.1%氨水一起煮沸 2 min,将不溶物过滤除去,滤液中加硝酸酸化,然后滴加硝酸银溶液,如有白色沉淀或白色混浊出现,表明含有氯。

其他两种方法：

(1) 取 2 mL 钠熔溶液，加入 2 mL 浓硫酸和 0.5％过硫酸钠溶液，煮沸数分钟，将溴和碘全部除去，然后取清液，滴加 5％硝酸银溶液，如有白色沉淀或白色混浊出现，表明含有氯。

(2) 取 1 mL 上述滤液，加 0.5 mL 四氯化碳和 3 滴浓硝酸，边加边摇，用吸管吸出四氯化碳层，反复进行，直至四氯化碳层无色。然后吸取上层清液，加 1～2 滴 5％硝酸银溶液，若有白色沉淀生成，表明含有氯(硫、氮存在时，须酸化加热除去硫化氢和氰化氢，方法同前)。

五、注意事项

[1] 氧化铜常潮湿，应预先干燥，否则和样品共热时，其水汽逸出凝集在试管壁，往往会被误认为是样品分解生成的水。干燥的方法是将氧化铜放在坩埚中，强热数分钟把水分完全逐出，放在干燥器中储存备用。样品也需预先干燥，除去水分或结晶水。

[2] 金属钠保存在煤油中，取用时，不能接触水和手，也不能在空气中存放太久。切取时，要切去其外表的氧化物，用有金属光泽的部分。

[3] 钠的加热时间应控制好，原因是钠非常活泼，在加热时易被氧化，如加热时间太长，试管里的金属钠由液态变成白色固体物质后再投入试样，则试样不能完全分解。如出现此现象，则可立即投入另一份钠和一份样品，强热，试样即能完全分解。

[4] 用角匙取样品，并用玻璃棒拨成团，轻轻推入试管，当钠的蒸气和样品接触时，立即发生猛烈分解，有时会发生轻微的爆炸或着火，所以当加样品时，操作者的脸部要远离试管口，以免发生危险。

有些样品与钠共熔时会发生猛烈爆炸，可在加钠前加入少量干燥的碳酸钠，使之在强热中分解出二氧化碳，而缓和反应的激烈程度。

对于较易挥发的样品，可与金属钾共熔，因为钠的熔点为 97 ℃，沸点为 880 ℃，而钾的熔点为 62.3 ℃，沸点为 760 ℃。

[5] 当溴与碘同时存在，且碘含量较高时，常使溴不易检出，可用滴管吸出紫色四氯化碳层，再加入四氯化碳振荡，如仍有紫色出现，可重复上述操作至碘完全被萃取，四氯化碳层呈无色，继续滴加氯水，若四氯化碳层呈棕色则表明试样含有溴。

六、思考题

(1) 进行元素定性分析有何意义？鉴定其中氮和硫等为什么要用钠(或钾)熔法？

(2) 在滤纸上切金属钠时粘在滤纸上的细小钠碎粒应如何处理？

(3) 鉴定卤素时，试样含有硫和氮，用硝酸酸化再煮沸，可能有什么气体逸出？应如何处理？

附 实验记录表

样品编号： 样品外观：

钠熔现象：

元素鉴定：

试剂及用量	有关反应及现象	结　　论

实验二　混合物的分离与纯化

一、实验目的

学习混合物分离纯化的基本方法和路线设计。

二、实验原理

混合物的分离纯化是有机化学实验最基本的部分,几乎所有类型的有机化学实验都离不开分离纯化工作。不同来源的混合物,其组成千差万别,不可能有统一的普适性的分离纯化模式,但分离纯化的依据都是混合物各组分物理性质或化学性质上的某些差异。最常利用的物理性质差异包括物态、沸点、蒸气压、溶解度、分配系数、极性等差异,而最常利用的化学性质差异则是酸碱性差异。

面对一种具体的、已知组分的混合物设计分离纯化路线时,常常需要考虑的一般性原则如下。

(1) 液体中混有固体,若固体不溶于液体,可用过滤法分离;若固体溶于液体,可用蒸馏法分离。

(2) 若固体混合物各组分在某种溶剂中溶解度不同,可用固-液萃取法分离。

(3) 固体化合物中混有少量杂质,通常可用重结晶法纯化;若该固体物质在其熔点下具有较高蒸气压,也可用常压升华法或减压升华法纯化。

(4) 液体混合物各组分不相混溶时可用分液漏斗直接分离;相互混溶时须根据各组分沸点差的大小决定分离方法,沸点差较大者可用简单蒸馏法或减压蒸馏法分离,沸点差较小者可用简单分馏法或精密分馏法分离,沸点差只有 $1\sim2$ ℃时一般只能用气相色谱法或高效液相色谱法分离。

(5) 混合物各组分中若有一种组分不溶于水且在 100 ℃左右具有较高蒸气压,则该组分一般可用水蒸气蒸馏法分离出来。

(6) 混合物的量较小时,一般总可选择一种合适的色谱方法将其分离开来,因为各组分在极性、溶解度、分子大小和形状上或多或少会有一些差别。

(7) 有机酸、碱在水中的溶解度在很大程度上取决于水溶液的 pH,所以一般可用不同强度的碱液或酸液萃取,使之与其他组分分离开来。

(8) 有机化合物中若混有少量有色杂质或树脂状杂质,一般可用煮沸脱色的方法除去;若混有少量水分,可选用不同的干燥方法(物理的或化学的)除去。

(9) 恒沸物各组分的分离较为困难,常用的物理方法是恒沸蒸馏或分子筛吸附,常采用的化学方法是加入某种化学试剂,使之与恒沸物中某个组分发生化学反应而与另一组分不发生反应。总之,恒沸物各组分的分离的基本思路是想办法将其中的某个组分"消耗掉",从而获得另一组分。

以上仅是粗略的一般性原则,但一种具体的混合物的分离纯化工作往往是复杂的,需要综合考虑和分析以上原则,也需要用到多项操作技能。同时,任何分离纯化工作都是相对的,事实上不可能有绝对完全的分离,也不可能制得绝对纯净的化合物,只要满足具体的纯度要求就可以了。

本实验是将一份自己配制的含有甲苯(中性)、苯甲酸(强酸性)、2-萘酚(弱酸性)、吡啶(弱碱性)、正氯丁烷(中性)的混合物先作初步分离,然后分别纯化。

混合物的配制:

将 1 g 苯甲酸和 1 g 2-萘酚溶于 10 mL 乙醚中,再加入 5 mL 正氯丁烷、5 mL 吡啶和 5 mL 甲苯,摇匀。

三、仪器与试剂

(1) 仪器:圆底烧瓶,温度计,温度计套管,滴液漏斗,冷凝管,分馏头,分液漏斗,引接管,接收瓶,锥形瓶,抽滤装置等。

(2) 试剂:饱和碳酸氢钠溶液,乙醚,4 mol·L^{-1}氢氧化钠溶液,吡啶,6 mol·L^{-1}盐酸,浓盐酸,甲苯,正氯丁烷,无水硫酸钠,氯化钠,苯甲酸,2-萘酚等。

四、实验步骤

(1) 取 2 个 60 mL 分液漏斗,分别标记为 A 和 B;取 3 个 50 mL 锥形瓶,分别标记为Ⅰ、Ⅱ、Ⅲ;取 1 个 100 mL 锥形瓶,标记为Ⅳ。

(2) 苯甲酸的分离:将混合物转入分液漏斗 A 中,每次用 10 mL 饱和碳酸氢钠溶液萃取三次,合并碳酸氢钠萃取液于分液漏斗 B 中。用 10 mL 乙醚萃取 B 中水溶液,将水层分入锥形瓶Ⅰ中,乙醚层倒入分液漏斗 A 中。

(3) 2-萘酚的分离:每次用 10 mL 4 mol·L^{-1}氢氧化钠溶液萃取 A 中的混合液三次,合并氢氧化钠萃取液于分液漏斗 B 中。用 10 mL 乙醚萃取 B 中水溶液,将水层分入锥形瓶Ⅱ中,乙醚层倒回分液漏斗 A 中。

(4) 吡啶的分离:每次用 10 mL 6 mol·L^{-1}盐酸萃取 A 中的醚溶液三次,合并酸层于分液漏斗 B 中。用 10 mL 乙醚萃取 B 中的酸液,将酸层分入锥形瓶Ⅲ中,乙醚层倒入锥形瓶Ⅳ中。

(5) 甲苯与正氯丁烷溶液的干燥:将分液漏斗 A 中的混合溶液也倒入锥形瓶Ⅳ中,加入适量(2～3 g)无水硫酸钠干燥剂,塞紧瓶口放置半小时以上,观察干燥剂有无结块、粘壁等情况。如有,可补加少许干燥剂再放置一段时间。

(6) 苯甲酸的纯化:向锥形瓶Ⅰ中加入 0.5 g 氯化钠,摇动使之溶解,必要时可稍稍加热。溶完后慢慢滴加浓盐酸酸化至 pH=3。用冰浴冷却,待结晶完全后抽滤收集晶体,用少许冷水洗涤,抽干。将所得晶体风干后测定熔点。如有必要,可以水为溶剂重结晶纯化。

(7) 2-萘酚的纯化:向锥形瓶Ⅱ中滴加浓盐酸酸化至 pH≤3,用冰浴冷却,结晶完全后抽滤收集晶体,用少量冷水洗涤,晾干后得粗品。必要时可用乙醇-水混合溶剂重结晶,然后测定熔点。

(8) 吡啶的纯化:向锥形瓶Ⅲ中滴加 4 mol·L^{-1}氢氧化钠溶液至 pH=8,将此溶液倒回分液漏斗 A 中,每次用 10 mL 乙醚萃取三次,合并乙醚萃取液,用约 2 g 无水硫酸钠充分干燥后滤除干燥剂。用 25 mL 圆底烧瓶作蒸馏瓶,安装如图 6-2 所示的蒸馏浓缩装置,水浴加热蒸除乙醚后改为普通蒸馏装置,隔石棉网加热蒸馏,收集 114～116 ℃馏分。测定所得产品的沸点和折光率。

(9) 甲苯和正氯丁烷的纯化:用 25 mL 圆底烧瓶依照图 6-2 安装蒸馏浓缩装置。将锥形

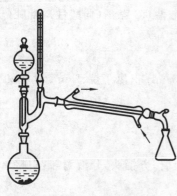

图 6-2 大量稀溶液的
蒸馏浓缩装置

瓶Ⅳ中的乙醚溶液滤除干燥剂后利用该装置蒸除乙醚(水浴加热)。然后改为简单分馏装置,先用沸水浴加热分馏收集 77~79 ℃ 馏分,再改用石棉网加热分馏收集 109~111 ℃ 馏分。分别测定这两个馏分的沸点和折光率。

五、注意事项

(1) 掌握混合物的分离提纯方法的分类与选择。
(2) 本实验要求在通风条件下操作。

六、思考题

苯甲酸使用前为什么通常要先纯化?

实验三 2-甲基己-2-醇的制备

一、实验目的

(1) 了解格氏(Grignard)试剂的制备、应用和进行格氏试剂反应的条件。
(2) 学习电动搅拌器的安装和使用方法。
(3) 巩固回流、萃取、蒸馏等操作。
(4) 了解通过格氏试剂反应制备二级醇的方法。
(5) 学习无水无氧操作的方法和技巧。

二、实验原理

卤代烷烃与金属镁在无水乙醚中反应生成烃基卤化镁(又称格氏试剂);格氏试剂能与羰基化合物等发生亲核加成反应,其加成产物用水分解可得到醇类化合物。例如:

$$n\text{-}C_4H_9Br + Mg \xrightarrow{\text{无水乙醚}} n\text{-}C_4H_9MgBr$$

$$n\text{-}C_4H_9MgBr + CH_3COCH_3 \xrightarrow{\text{无水乙醚}} n\text{-}C_4H_9\underset{\underset{OMgBr}{|}}{C}(CH_3)_2$$

$$n\text{-}C_4H_9\underset{\underset{OMgBr}{|}}{C}(CH_3)_2 + H_2O \xrightarrow{H^+} n\text{-}C_4H_9\underset{\underset{OH}{|}}{C}(CH_3)_2$$

三、仪器与试剂

(1) 仪器:回流装置,电动搅拌器,恒压滴液漏斗,分液漏斗,空气冷凝蒸馏装置,水浴锅。
(2) 试剂:镁条,正溴丁烷,丙酮,无水乙醚(自制),10%硫酸溶液,5%碳酸钠溶液,无水碳酸钾,碘片。

四、实验步骤

1. 正丁基溴化镁的制备

取三口烧瓶,中间口上加搅拌器,一口上加球形冷凝管,一口加恒压滴液漏斗,装配好仪器(装置图见实验二十四)。向三口烧瓶内投入 3.1 g(0.13 mol)镁条、15 mL 无水乙醚及一小粒碘片;在恒压滴液漏斗中混合 13.5 mL(17 g,约 0.13 mol)正溴丁烷和 15 mL 无水乙醚。先向瓶内滴入约 5 mL 混合液,数分钟后溶液呈微沸状态,碘的颜色消失。若不发生反应,可用温水浴加热。反应开始比较剧烈,必要时可用冷水浴冷却。

待反应缓和后,自冷凝管上端加入 25 mL 无水乙醚。启动搅拌器(用手帮助旋动搅拌棒的同时转动调速旋钮,至合适转速),并滴入其余的正溴丁烷-无水乙醚混合液,控制滴加速度维持反应液呈微沸状态。滴加完毕后,在热水浴上回流 20 min,使镁条几乎作用完全。

2. 2-甲基己-2-醇的制备

将上面制好的格氏试剂在冰水浴冷却和搅拌下,自恒压滴液漏斗滴入 10 mL(7.9 g,0.14 mol)丙酮和 15 mL 无水乙醚的混合液,控制滴加速度,勿使反应过于猛烈。加完后,在室温下继续搅拌 15 min(溶液中可能有白色黏稠状固体析出)。

将反应瓶在冰水浴冷却和搅拌下,自恒压滴液漏斗中分批加入 100 mL 10% 硫酸溶液,分解上述加成产物(开始滴入宜慢,以后可逐渐加快)。待分解完全后,将溶液倒入分液漏斗中,分出醚层。水层每次用 25 mL 乙醚萃取两次,合并醚层,用 30 mL 5% 碳酸钠溶液洗涤一次,分液后,用无水碳酸钾干燥。

将干燥后的粗产物醚溶液分批滗入小烧瓶中,用温水浴蒸去乙醚,再在石棉网上直接加热蒸出产品,收集 137～141 ℃馏分。

纯 2-甲基己-2-醇的沸点为 143 ℃,折光率为 1.4175。

五、注意事项

(1) 严格按操作规程装配实验装置,电动搅拌棒必须垂直且转动顺畅。

(2) 制备格氏试剂所需的仪器必须干燥。

(3) 反应的全过程中应控制好滴加速度,使反应平稳进行。

(4) 干燥剂用量合理,且将产物醚溶液干燥完全。

六、思考题

(1) 本实验在格氏试剂加成物水解前,为什么使用的药品和仪器都需要绝对干燥?

(2) 如反应开始前加入大量的正溴丁烷有什么不好?

(3) 本实验的粗产物为什么不能用无水氯化钙干燥?

实验四　二苯甲醇的制备

一、实验目的

(1) 了解还原反应的类型及特点。

(2) 掌握负氢还原剂的使用方法。

二、实验原理

$$4(C_6H_5)_2CO \xrightarrow{\text{NaBH}_4} NaB[OCH(C_6H_5)_2]_4 \xrightarrow{\text{H}_2\text{O}} 4(C_6H_5)_2CHOH$$

三、仪器与试剂

(1) 仪器：圆底烧瓶,直形冷凝管,锥形瓶,分液漏斗,水泵,水浴锅。

(2) 试剂：二苯酮,硼氢化钠,甲醇,乙醚,石油醚(60～90 ℃),无水硫酸镁。

四、实验步骤

(1) 在 50 mL 圆底烧瓶中加入 20 mL 甲醇和 1.5 g 二苯酮,搅拌溶解后,分次加入 0.4 g 硼氢化钠,室温条件下搅拌 20 min。

(2) 安装蒸馏装置,蒸除大部分甲醇,冷却后将残液倾入 40 mL 蒸馏水中,充分搅拌 20 min后,用乙醚萃取三次,每次 10 mL,合并萃取液后用无水硫酸镁干燥。滤去干燥剂后,水浴蒸除乙醚。所得残渣用 15 mL 石油醚重结晶,产物约 1 g。

纯二苯甲醇的熔点为 69 ℃。

五、注意事项

硼氢化钠有较强的腐蚀性,使用时小心操作,避免皮肤接触。

六、思考题

(1) 氢化锂铝和硼氢化钠都是负氢还原剂,其还原性和操作上有何不同？

(2) 试提出合成二苯甲醇的其他方法。

实验五　丁二酸酐的制备

一、实验目的

(1) 熟悉回流干燥装置、冷却结晶装置、减压过滤装置。

(2) 掌握丁二酸酐的合成原理,学习丁二酸酐的制备操作。

(3) 了解合成丁二酸酐的方法。

二、实验原理

丁二酸在脱水剂的作用下可以发生分子内脱水反应,生成分子内酸酐。由于产物具有五元环结构,因此比一般羧酸的脱水反应容易进行。乙酸酐价格较便宜,具有一定的脱水作用,所以本实验选用乙酸酐为脱水剂。该反应有可逆性,乙酸酐应过量。

三、仪器与试剂

（1）仪器：天平，循环水式真空泵，恒温水浴装置，电热套，蒸馏装置，干燥管，球形冷凝管，圆底烧瓶，温度计，抽滤瓶，布氏漏斗，量筒，表面皿，铁架台，铁架及十字夹。

（2）试剂：乙酸酐，丁二酸，甲基叔丁基醚，沸石，甘油和冰块。

四、实验步骤

在 50 mL 干燥的圆底烧瓶中加入 6.4 mL 新蒸馏过的乙酸酐和 4 g 丁二酸，装上球形冷凝管及氯化钙干燥管，在沸水浴中加热，不时摇荡，待丁二酸酐完全溶解成澄清溶液时，继续加热回流 2 h，以使反应完全。

确定反应完全后移去热水浴，反应物改用冷却水冷却，待有晶体析出时再用冰水浴充分冷却。拆去装置，用布氏漏斗抽滤，用 5 mL 甲基叔丁基醚洗涤滤饼两次，滤饼室温下晾干。

丁二酸酐的熔点为 118～129 ℃。

五、注意事项

乙酸酐最好是新蒸馏过的。所用的仪器均为干燥的。

六、思考题

还有什么方法可以由丁二酸合成丁二酸酐？

实验六　乙酸异戊酯的制备

一、实验目的

（1）掌握酯化反应原理，学习乙酸异戊酯的制备方法。

（2）初步掌握带有分水器的回流装置的安装及操作。

（3）巩固分液漏斗的使用，掌握萃取和蒸馏精制有机化合物的操作技术。

二、实验原理

以乙酸和异戊醇为原料，在浓硫酸的催化作用下，经加热即可生成乙酸异戊酯。该反应是可逆反应，利用分水器，及时除去反应生成的水，可以达到提高产率的目的。

主反应：

$$CH_3COOH + HOCH_2CH_2\underset{\underset{CH_3}{|}}{C}HCH_3 \overset{H_2SO_4}{\underset{\triangle}{\rightleftharpoons}} CH_3COOCH_2CH_2\underset{\underset{CH_3}{|}}{C}HCH_3 + H_2O$$

副反应：

$$(CH_3)_2CHCH_2CH_2OH \overset{H^+}{\rightleftharpoons} (CH_3)_2CHCH_2CH_2OCH_2CH_2CH(CH_3)_2$$

$$(CH_3)_2CHCH_2CH_2OH \overset{H^+}{\rightleftharpoons} (CH_3)_2C = CHCH_3$$

三、仪器与试剂

(1) 仪器:球形冷凝管,分水器,三口烧瓶,分液漏斗,锥形瓶,直形冷凝管,温度计,蒸馏头,引接管等。

(2) 试剂:冰乙酸,浓硫酸,异戊醇,环己烷,10%碳酸钠溶液,无水硫酸镁,沸石,饱和氯化钠溶液。

四、实验步骤

(1) 酯化:在干燥的三口烧瓶中加入 6 mL 异戊醇和 4 mL 冰乙酸,在振摇与冷却下加入 0.6 mL 浓硫酸、25 mL 环己烷,混匀后放入 1～2 粒沸石。安装带分水器的回流装置(见图 6-3),三口烧瓶中口安装分水器,分水器中事先充水至支管口处,然后放出 1 mL 水。一侧口安装温度计(温度计水银球应位于液面以下),另一侧口用磨口塞塞住。

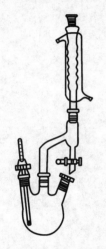

图 6-3　带分水器的回流装置

检查装置气密性后,用电热套(或甘油浴)缓缓加热,当温度升至约 108 ℃时,三口烧瓶中的液体开始沸腾。继续升温,控制回流速度,使蒸气浸润面不超过球形冷凝管下端的第一个球,当分水器充满水,反应温度达到 130 ℃时,反应基本完成,大约需要 1.5 h。

(2) 洗涤:停止加热,稍冷后拆除回流装置。将烧瓶中的反应液倒入分液漏斗中,用 5 mL 冷水淋洗烧瓶内壁,洗涤液并入分液漏斗。充分振摇,接通大气静置,待分界面清晰后,分去水层。再用 5 mL 冷水重复操作一次。然后酯层用 10 mL 10%碳酸钠溶液分两次洗涤。最后用 5 mL 饱和氯化钠溶液洗涤一次。

(3) 干燥:经过水洗、碱洗和氯化钠溶液洗涤后的酯层由分液漏斗上口倒入干燥的锥形瓶中,加入 1 g 无水硫酸镁,配上塞子,充分振摇后,放置 30 min。

(4) 蒸馏:将干燥好的粗酯小心滤入干燥的蒸馏烧瓶中,放入 1～2 粒沸石,加热蒸馏。用干燥的量筒收集 138～142 ℃馏分,量取体积并计算产率。

(5) 用核磁共振谱、红外光谱对产品进行表征。

纯乙酸异戊酯的沸点为 142.5 ℃,折光率为 1.4003。

五、注意事项

(1) 可用圆底烧瓶作反应器。反应进行的程度可根据分水量来判断。

(2) 加浓硫酸时,要分批加入,并在冷却下充分振摇,以防止异戊醇被氧化。

(3) 冰乙酸具有强烈刺激性,要在通风橱内取用。

(4) 回流酯化时,要缓慢均匀加热,以防止炭化并确保完全反应。

(5) 分液漏斗使用前要涂凡士林试漏,防止洗涤时漏液,造成产品损失。

(6) 碱洗时放出大量热并有二氧化碳产生,因此洗涤时要不断放气,防止分液漏斗内的液体冲出来。

(7) 最后蒸馏时仪器要干燥,不得将干燥剂倒入蒸馏瓶内。

(8) 用饱和氯化钠溶液洗涤,可降低酯在水中的溶解度,减少酯的损失。

六、思考题

(1) 制备乙酸异戊酯时,使用的哪些仪器必须是干燥的? 为什么?

(2) 分水器内为什么事先要充有一定量的水?

(3) 酯化反应制得的粗酯中含有哪些杂质? 是如何除去的? 洗涤时能否先碱洗再水洗?

(4) 酯可用哪些干燥剂干燥? 为什么不能使用无水氯化钙进行干燥?

(5) 酯化反应时,实际出水量往往多于理论出水量,这是什么原因造成的?

实验七　乙酰水杨酸的制备

一、实验目的

(1) 学习制备乙酰水杨酸的原理及方法。

(2) 通过乙酰水杨酸的制备,初步了解有机合成中乙酰化反应的原理及方法。

(3) 进一步熟悉减压过滤、熔点测定和重结晶等基本操作技术。

(4) 了解乙酰水杨酸的应用价值。

二、实验原理

乙酰水杨酸(阿司匹林)不仅是常用的退热止痛药,用于治疗风湿病和关节炎,而且可用于预防老年人心血管系统疾病。从药物学角度来看,它是水杨酸的前体药物。早在 18 世纪,人们从柳树皮中提取出具有止痛、退热抗炎作用的一种化合物——水杨酸,但水杨酸严重刺激口腔、食道及胃壁黏膜而导致病人不愿使用,为克服这一缺点,在水杨酸中引进乙酰基,获得了副作用小而疗效不减的乙酰水杨酸。水杨酸分子中含羟基(—OH)和羧基(—COOH),具有双官能团。羧基和羟基都可以发生酯化,而且可以形成分子内氢键,阻碍酰化和酯化反应的发生。引入酰基的试剂叫做酰化试剂,常用的乙酰化试剂有乙酰氯、乙酸酐、冰乙酸。本实验以强酸硫酸为催化剂,选用经济合理而反应较快的乙酸酐作酰化剂,与水杨酸的酚羟基发生酰化作用形成酯。反应式如下:

副反应有:

$$\text{COOH} + \text{COOH} \xrightarrow[\triangle]{H^+} \text{CO—O} + H_2O$$

制备的粗产品不纯,除上面两种副产品外,还可能有没有反应的水杨酸等杂质。

本实验用 FeCl₃ 检查产品的纯度,如杂质中有未反应完的酚羟基,则遇 FeCl₃ 呈紫蓝色。如果在产品中加入一定量的 FeCl₃,无颜色变化,则认为纯度基本达到要求。此外还可采用测定熔点的方法检测纯度。

三、仪器与试剂

(1) 仪器:水浴锅,布氏漏斗,抽滤瓶,水泵,滤纸,烧杯,锥形瓶,温度计(150 ℃),水浴装置,熔点测定仪,试管,玻璃棒,台秤,量筒,表面皿。

(2) 试剂:水杨酸,乙酸酐,浓硫酸,95%乙醇,1%FeCl₃溶液。

四、实验步骤

1. 酰化反应

(1) 称取 2.0 g(约 0.015 mol)固体水杨酸,放入 150 mL 锥形瓶中,加入 5 mL 乙酸酐,用滴管加入 5 滴浓硫酸,摇匀,待水杨酸溶解后将锥形瓶放在 60～85 ℃ 水浴中 30 min,常常摇动锥形瓶,使乙酰化反应尽可能完全。

(2) 取出锥形瓶,让其自然降温至室温。观察有无晶体出现。如果无晶体出现,用玻璃棒摩擦锥形瓶内侧(注意别用劲摩擦,否则会把锥形瓶擦破)。当有晶体出现时,置冰水浴中冷却,并加入 50 mL 冷水,出现大量不规则白色晶体,继续冷却 5 min,使结晶完全。

(3) 将锥形瓶中所有物质倒入布氏漏斗中抽气过滤。用 5 mL 冷水洗涤锥形瓶三次,洗涤液倒入布氏漏斗中。继续抽气至干。

(4) 按实验步骤 3 检测方法,检测产品纯度。

2. 重结晶

(1) 将粗产品转入 150 mL 锥形瓶中,加入 5 mL95%乙醇,置水浴中加热溶解,然后冷却,用玻璃棒摩擦锥形瓶内壁,当有晶体出现时,加入 25 mL 冷水,并置冰水浴中冷却 5 min,使结晶完全。

(2) 再次抽气过滤。用冷水 5 mL 洗涤锥形瓶两次,洗涤液倒入漏斗中。继续抽滤至干。

(3) 将精产品转入表面皿中,干燥,称重,计算产率(以水杨酸为标准)。

3. 产品纯度检验

(1) 取少量(约火柴头大小)晶体装入试管中,加 10 滴 95%乙醇,溶解后滴入 1 滴 1%FeCl₃溶液。观察颜色变化。如果颜色出现变化(红色→紫蓝色),说明产品不纯,须再次重结晶。若无颜色变化,说明产品比较纯。

(2) 测定熔点,乙酰水杨酸熔点文献值为 135～136 ℃。

五、注意事项

(1) 硫酸还可破坏水杨酸分子中羧基与酚羟基形成的分子内氢键,从而使酰化反应顺利进行。

（2）乙酸酐要使用新蒸馏的,收集 139～140 ℃的馏分。仪器要全部干燥,药品也要提前经干燥处理。

（3）温度高反应快,但温度不宜过高,否则副反应增多。

（4）为了得到更纯的产品,可以用乙酸乙酯进行重结晶。

六、思考题

（1）什么是酰化反应?什么是酰化试剂?进行酰化反应的容器是否需要干燥?

（2）重结晶的目的是什么?

（3）前后两次用 $FeCl_3$ 溶液检测,其结果说明什么?

实验八　乙酰乙酸乙酯的制备

一、实验目的

（1）了解乙酰乙酸乙酯的制备原理和方法。

（2）掌握无水操作及减压蒸馏等操作。

二、实验原理

利用克莱森(Claisen)缩合反应,使两分子具有 α-H 的酯在醇钠的作用下生成 β-酮酸酯。反应通常以酯和金属钠为原料,以过量的酯为溶剂,利用酯中所含的微量醇与金属钠反应生成醇钠。随着反应进行,由于醇的不断生成,反应能不断进行下去,直至金属钠消耗完。

$$2CH_3COOC_2H_5 + C_2H_5ONa \longrightarrow CH_3COCH_2COOC_2H_5 + C_2H_5OH$$

三、仪器与试剂

（1）仪器:圆底烧瓶,冷凝管,干燥管,分液漏斗,减压蒸馏装置,表面皿等。

（2）试剂:乙酸乙酯,钠,二甲苯,苯,50%乙酸,饱和氯化钠溶液,无水硫酸钠,三氯化铁。

（3）主要反应试剂及产物的物理常数(表 6-1)。

表 6-1　试剂及产物的物理常数

名称	相对分子质量	熔点/℃	沸点/℃	相对密度	折光率 n_D	溶解度/[g · (100 mL)$^{-1}$]		
						H_2O	乙醇	乙醚
苯	78.12	5	80.1	0.8765	1.5011	0.07	∞	∞
二甲苯	106.17	−25	144	0.880	1.5054	不溶	∞	∞
乙酸乙酯	88.12	−84	77	0.901	1.3724	8.5	∞	∞
金属钠	22.99	97.82	881.4	0.968		溶	溶	不溶
乙酰乙酸乙酯	130.15	<−80	180.4	1.0282	1.4194	13	∞	∞

四、实验步骤

（1）熔钠:称取 0.9 g 金属钠(清除表面氧化膜),在表面皿上迅速将金属钠切成薄片,立即放入带回流冷凝管的 50 mL 圆底烧瓶中(内装 5 mL 二甲苯),加热熔之。塞住瓶口振摇,使之成为均匀、尽可能小的钠珠。回收二甲苯。

（2）加酯回流：迅速放入 10 mL 乙酸乙酯，装上带氯化钙干燥管的冷凝管，反应即刻发生并有氢气逸出。若反应慢可小火加热。使反应处于微沸状态，回流约 2 h 至钠基本消失，得红棕色溶液，有时析出黄白色沉淀（均为烯醇盐）。

（3）酸化：将反应物冷却，振摇下加 50％乙酸，至反应液呈弱酸性（固体溶完，pH＝5～6）。

（4）分液：将反应液转入分液漏斗，加等体积饱和氯化钠溶液，振摇，静置至乙酰乙酸乙酯全部析出。分出乙酰乙酸乙酯层，水层用 8 mL 苯萃取，合并萃取液和酯层。

（5）干燥：用无水硫酸钠干燥。

（6）精馏：水浴蒸去苯和乙酸乙酯，至温度达 95 ℃时停止，剩余物减压蒸馏，收集 54～55 ℃/931 Pa(7 mmHg)馏分。称重，计算产率，并用三氯化铁检验产品。

纯乙酰乙酸乙酯的沸点为 180.4 ℃，折光率为 1.4194。

五、注意事项

（1）钠的安全使用：在金属钠切片或称量时要迅速，减少氧化和水汽的侵蚀。

（2）由于乙酰乙酸乙酯中亚甲基上的氢活性较大，其相应的酸性比醇大，故在醇钠存在时，即反应结束时，乙酰乙酸乙酯是以钠盐的形式存在，加入乙酸可以使其钠盐转化为乙酰乙酸乙酯。

（3）本实验要求无水操作。

（4）钠珠的制作过程中间一定不能停，且要来回振摇，不要转动。

六、思考题

（1）本实验所用的缩合剂是什么？它与反应物物质的量之比如何？应以哪种原料为基础计算产率？

（2）实验中加 50％乙酸与饱和氯化钠溶液的目的是什么？

（3）为什么使用二甲苯作溶剂，而不用苯、甲苯？

（4）为什么要做钠珠？

（5）为什么用乙酸酸化，而不用稀盐酸或稀硫酸酸化？为什么要调到弱酸性，而不是中性？

（6）中和过程开始析出的少量固体是什么？

（7）乙酰乙酸乙酯沸点并不高，为什么要用减压蒸馏的方式？

实验九　对氨基苯甲酸乙酯的制备

一、实验目的

通过对氨基苯甲酸乙酯的合成，了解药物合成的基本过程。

二、实验原理

对氨基苯甲酸乙酯为局部麻醉药，外用为撒布剂，用于手术后创伤止痛、溃疡痛、一般性痒等。对氨基苯甲酸乙酯的化学结构式为

$$H_2N-\!\!\!\bigcirc\!\!\!-COOC_2H_5$$

对氨基苯甲酸乙酯为白色结晶性粉末,味微苦而麻;易溶于乙醇,极微溶于水。

合成路线如下:

$$\underset{NH_2}{\underset{|}{\bigcirc}}\text{-COOH} +CH_3CH_2OH \underset{}{\overset{H_2SO_4}{\rightleftharpoons}} \underset{NH_2}{\underset{|}{\bigcirc}}\text{-COOC}_2H_5 +H_2O$$

三、仪器与试剂

(1) 仪器:磁力搅拌器,圆底烧瓶,球形冷凝管,烧杯,分液漏斗,水浴装置。

(2) 试剂:对氨基苯甲酸,95％乙醇,浓硫酸,10％碳酸钠溶液,乙醚,无水硫酸镁。

四、实验步骤

(1) 在 100 mL 圆底烧瓶中,加入 2 g 对氨基苯甲酸和 25 mL95％乙醇,溶解后在冰浴中冷却。缓慢加入 2 mL 浓硫酸,立即产生大量沉淀。将反应混合物在搅拌下水浴回流 1 h,并经常摇动。

(2) 将反应物转移至烧杯中,冷却后分三次加入约 12 mL10％碳酸钠溶液,直至体系 pH 约为 9。再将溶液转移至分液漏斗中,用 40 mL 乙醚萃取三次,合并乙醚萃取液后用无水硫酸镁干燥。

(3) 将干燥后的乙醚溶液滤去干燥剂后,在水浴上蒸馏除去乙醚和大部分乙醇,直至残余油状物体积为 2 mL 左右为止。残余液用乙醇-水重结晶,产量约为 1 g。

纯对氨基苯甲酸乙酯的熔点为 91～92 ℃。

五、注意事项

(1) 酯化反应必须在水浴中进行。

(2) 乙醚沸点低、易挥发,蒸馏时不能用明火,应用水浴蒸馏。

六、思考题

(1) 本实验中加入浓硫酸后,产生的沉淀是什么物质? 请解释。

(2) 酯化反应后,为什么用碳酸钠而不用氢氧化钠调整酸碱性? 为什么不调整到中性而要偏碱性?

实验十　对甲苯磺酸钠的制备

一、实验目的

(1) 了解芳香族化合物磺化反应的原理、方法及反应温度的影响。

(2) 掌握分水器的使用、回流、热过滤、抽滤、重结晶等操作。

二、实验原理

　　对甲苯磺酸钠是合成洗涤剂的主要成分，它可由甲苯经磺化反应再转化成钠盐后制得。常用的芳烃的磺化试剂除浓硫酸以外，还有发烟硫酸、氯磺酸、三氧化硫、亚硫酸盐等。磺化反应的难易程度与芳烃的结构、磺化剂种类和浓度以及反应的温度有关。

　　苯环上有第一类定位基时比较容易磺化，如甲苯比苯更容易磺化。磺化反应是可逆反应，以浓硫酸为磺化试剂时，随着反应的进行，水量逐渐增加，硫酸浓度逐渐降低，因此对磺化反应是不利的。理论和实验结果还同时表明，温度和硫酸的浓度是影响磺化反应的主要因素。在较低温度下甲苯进行磺化反应时，其一磺化的邻位和对位数量相差不多；较高温度下达到平衡时，一磺化的对位数量将明显增加。但是必须指出，甲苯磺化时，温度过高也将造成二磺化产物的增多。综合考虑各因素的影响，甲苯的一磺化反应应在较浓的硫酸和较适宜的温度下进行。

　　在本实验中，使用过量甲苯并利用甲苯与水之间易形成共沸物的特点，不断将反应生成的水及时移走，使反应体系中始终存在高浓度的硫酸，同时又不致温度过高。磺化反应结束后，将反应物转变为钠盐，利用它在饱和氯化钠溶液中溶解度小的原理析出沉淀，沉淀析出后再进一步重结晶，最后得到对甲苯磺酸钠。

　　主反应：

　　副反应：

三、仪器与试剂

（1）仪器：三口烧瓶，分水器，恒压滴液漏斗，球形冷凝管，水银温度计（250 ℃），烧杯，抽滤瓶，布氏漏斗，循环水式真空泵，磁力搅拌器。

（2）试剂：甲苯，浓硫酸，饱和氯化钠溶液，活性炭。

四、实验步骤

1. 合成

（1）在 100 mL 三口烧瓶中加入 20 mL 甲苯，缓慢滴加 4.5 mL 浓硫酸。

（2）按图 6-3 安装带有分水器的回流装置，分水器预先加水至支管口后放出约 2 mL 水。

（3）磁力搅拌下缓慢加热至回流，反应至分水器中液量约增 2 mL 后停止加热。

2. 分离和提纯

（1）稍冷以后，将反应液趁热倒入盛有 30 mL 饱和氯化钠溶液的烧杯中。

（2）待充分析出沉淀后，抽滤，得到粗产品。

（3）粗产品用 30 mL 饱和氯化钠溶液进行重结晶。重结晶时若产品有色，可同时用少量活性炭脱色。

（4）重结晶滤液经冷却后析出晶体，抽滤并用饱和氯化钠溶液洗涤 2 次，烘干，称重并计算产率。

3. 产物测定

（1）测产物的熔点。

（2）测产物的红外光谱。对甲苯磺酸钠的标准红外光谱见图 6-4。

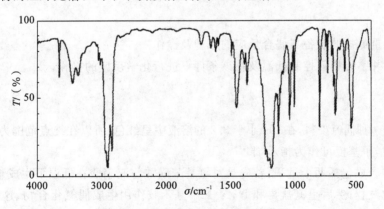

图 6-4　对甲苯磺酸钠的标准红外谱图

五、注意事项

（1）磺化反应是放热反应，在加料时要缓慢，可以采用滴加方式进行。必要时可将锥形瓶浸在冷水中冷却。

（2）甲苯的磺化是非均相反应，反应中必须充分搅拌，才能保证反应物充分接触，提高反应速率。实验中可采用磁力搅拌或者电动搅拌的方法。

（3）反应液沸腾时，甲苯-水形成沸点约为 85.0 ℃的二元共沸物，此共沸物冷凝后，甲苯在分水器的上层而水在下层。根据理论计算，反应生成的水量约为 2.0 mL。当分水器中下层水已基本到支管口,并且反应烧瓶中已基本成为均相液体时,反应便可停止。

(4) 对甲苯磺酸转变为对甲苯磺酸钠,后者难溶于氯化钠溶液便可析出沉淀。加入的饱和氯化钠溶液应有少量氯化钠固体(过饱和溶液),以便于沉淀析出。

(5) 在氯化钠溶液中进行重结晶,可以减少产品的损失,同时除去溶解度较大的甲苯二磺酸钠。

(6) 重结晶时的脱色操作过程为:烧杯中盛有对甲苯磺酸钠的饱和氯化钠溶液,加入适量活性炭。加热煮沸 5 min 后,趁热抽滤或用热水漏斗过滤,滤去活性炭后,滤液冷却结晶即可析出产品。

(7) 不能用水洗涤,否则产品损失导致产率降低。

六、思考题

(1) 试分析硫酸浓度、反应温度等条件对磺化反应的影响。

(2) 本实验中为什么要用饱和氯化钠溶液将对甲苯磺酸转变为对甲苯磺酸钠?能否用碳酸钠或氢氧化钠?

(3) 用浓硫酸作磺化剂制备对甲苯磺酸钠的优、缺点分别是什么?

(4) 在对甲苯磺酸钠的合成中,怎样才能保证产品是对甲苯磺酸钠?

(5) 在对甲苯磺酸钠的合成中,在安全方面应注意什么?

实验十一　甲基橙的制备

一、实验目的

(1) 了解重氮盐的制备与偶合反应的原理及操作。

(2) 学习并掌握如何控制低温及在该条件下进行化学反应的操作。

二、实验原理

甲基橙是一种偶氮染料,在 pH 小于 3.2 的溶液中呈红色,所以在终点范围为 pH 3.2～4.4 的滴定分析中,甲基橙可作为指示剂。

甲基橙的合成包括两个过程:首先是对氨基苯磺酸与亚硝酸在低温下生成重氮盐,这一反应称为重氮化过程;然后重氮盐再和 N,N-二甲苯胺作用生成偶氮化合物,这一反应称为偶合过程。

$$H_2N\text{—}\bigcirc\text{—}SO_3H \xrightarrow{NaOH} H_2N\text{—}\bigcirc\text{—}SO_3Na$$

$$H_2N\text{—}\bigcirc\text{—}SO_3Na + 3HCl + NaNO_2 \xrightarrow{0\sim5℃} HO_3S\text{—}\bigcirc\text{—}N\text{=}NCl + 2H_2O + 2NaCl$$

$$HO_3S\text{—}\bigcirc\text{—}N\text{=}NCl + \bigcirc\text{—}N(CH_3)_2 \xrightarrow[H^+]{0\sim5℃} HO_3S\text{—}\bigcirc\text{—}N\text{=}N\text{—}\bigcirc\text{—}N(CH_3)_2$$

$$HO_3S\text{—}\bigcirc\text{—}N\text{=}N\text{—}\bigcirc\text{—}N(CH_3)_2 \xrightarrow{HCl} O_3S\text{—}\bigcirc\text{—}NH\text{—}\bigcirc\text{=}N\text{—}N(CH_3)_2$$

(红色)

$$O_3S-\!\!\!\!\bigcirc\!\!\!\!-NH-N=\!\!\!\!\bigcirc\!\!\!\!=N(CH_3)_2 \xrightarrow{\text{NaOH}} NaO_3S-\!\!\!\!\bigcirc\!\!\!\!-N=N-\!\!\!\!\bigcirc\!\!\!\!-N(CH_3)_2$$

甲基橙(橙色)

三、仪器与试剂

(1) 仪器:烧杯(100 mL),冰盐浴装置,试管(20 mL),布氏漏斗,抽滤瓶,石蕊试纸,淀粉-碘化钾试纸等。

(2) 试剂:对氨基苯磺酸,5％氢氧化钠溶液,10％亚硝酸钠溶液,浓盐酸,N,N-二甲基苯胺,冰乙酸,乙醇,乙醚。

四、实验步骤

1. 对氨基苯磺酸重氮盐的制备(重氮化反应)

在 100 mL 烧杯中加入 2.1 g(0.01 mol)对氨基苯磺酸,再加入 5％氢氧化钠溶液约 10 mL,用石蕊试纸检验溶液呈碱性[1]。搅拌、温热使之溶解。再加入 8 mL10％亚硝酸钠溶液(含 0.01 mol 亚硝酸钠),摇匀后,放入冰盐浴中冷至 0～5 ℃。在另一只烧杯中倒入 3 mL 浓盐酸(0.03 mol)和 10 g 碎冰,也放在冰盐浴中冷至 0～5 ℃。将对氨基苯磺酸钠与亚硝酸钠的混合液边搅拌边慢慢地倒入冰冷的盐酸中,用石蕊试纸(或刚果红试纸)检验,始终保持反应液为酸性[2]。如果冰都熔化了,可以再加少量冰屑,以控制反应温度在 5 ℃以下[3]。

将混合液在冰浴中放置 15 min,以保证反应全部完成。此时应该有重氮盐的白色晶体生成[4]。用淀粉-碘化钾试纸检验溶液中有无过量的亚硝酸[5]。

2. 偶氮化合物的制备(偶合反应)

在一支试管中加入 1.3 mL(1.2 g,0.01 mol)N,N-二甲基苯胺和 1 mL 冰乙酸,混合均匀,把此溶液置于冰盐浴中冷却到 5 ℃左右,然后在不断搅拌下,慢慢加到上述重氮盐的冷溶液中,加完后充分搅拌 10 min,使反应完全。此后再在搅拌下慢慢加入 5％氢氧化钠溶液,直至产物变为橙色(这时候反应物呈碱性,粗甲基橙为细小的颗粒状)。减压过滤,依次用少量水、乙醇、乙醚洗涤。

若要得到较纯的甲基橙,可以用水重结晶。每 1 g 甲基橙加入 20～25 mL 沸水制成饱和溶液,热过滤后冷却,使甲基橙充分析出,抽滤,用乙醇洗涤产品[6]。

甲基橙为橙色片状晶体,属于盐类,没有固定的熔点。

五、注意事项

[1] 对氨基苯磺酸是两性化合物,以内盐形式存在,难溶于水和无机酸,但由于其酸性比碱性强,因此它可以与碱作用生成盐,使对氨基苯磺酸溶于水中。

[2] 为了使亚硝酸钠分解产生亚硝酸,从而使重氮化反应能够进行,必须使反应液保持酸性:

$$NaNO_2 + HCl \longrightarrow HNO_2 + NaCl$$

[3] 重氮化反应过程中,控制温度很重要。若反应温度高于 5 ℃,则生成的重氮盐容易分解为苯酚,降低产率。

$$\bigcirc\!\!\!\!-N_2^+ \xrightarrow{>5\ ℃} \bigcirc\!\!\!\!-OH + N_2$$

[4] 重氮盐在水中可以解离,形成中性的内盐,在低温时难溶于水,因而形成细小的晶体析出。

$$^-O_3S \longleftrightarrow \stackrel{+}{N_2}$$

[5] 溶液中如有亚硝酸存在,可将碘化钾氧化为碘,碘遇到试纸上的淀粉则会生成蓝色。若试纸不显蓝色,则须补充亚硝酸钠溶液,并充分搅拌,直至淀粉-碘化钾试纸刚好变蓝为止。若试纸呈现很深的蓝色,说明亚硝酸钠过量了,过量的亚硝酸钠会导致一些副反应,如与 N,N-二甲基苯胺作用生成亚硝基化合物或肟等副产物。因此,有必要加入一些尿素水溶液,用以分解过量的亚硝酸:

$$H_2N-\overset{\overset{\displaystyle O}{\|}}{C}-NH_2 + HNO_2 \longrightarrow CO_2\uparrow + N_2\uparrow + H_2O$$

[6] 用乙醇、乙醚洗涤的目的是使产物更容易干燥。

六、思考题

(1) 对氨基苯磺酸重氮化前为什么先加碱将它制成钠盐?

(2) 重氮化反应中,控制好温度是实验成功的关键之一,为什么?

(3) 解释亚硝酸过量对偶合反应的影响,说明去除过量亚硝酸的办法。

实验十二　7,7-二氯双环[4.1.0]庚烷的制备

一、实验目的

(1) 了解相转移催化反应的原理和在有机合成中的应用。

(2) 掌握季铵盐类化合物的合成方法。

(3) 掌握液体有机化合物分离和提纯的实验操作技术。

(4) 学习二氯卡宾在有机合成中的应用。

二、实验原理

(1) 三乙基苄基氯化铵(TEBA)可由三乙胺和氯化苄直接作用制得,反应式为

$$\bigotimes-CH_2Cl + N(C_2H_5)_3 \longrightarrow \left[\bigotimes-CH_2\overset{+}{N}(C_2H_5)_3\right]Cl^-$$

反应一般可在二氯乙烷、苯、甲苯等溶液中进行。生成的产物 TEBA 不溶于有机溶剂而以晶体析出,过滤即得产品。

(2) 卡宾(H_2C :)是非常活泼的反应中间体,价电子层只有 6 个电子,是一种强的亲电试剂。卡宾的特征反应有碳氢键间的插入反应及对 C=C 和 C≡C 键的加成反应,形成三元环状化合物,二氯卡宾(Cl_2C :)也可对碳碳双键进行加成。

本实验采用三乙基苄基氯化铵作为相转移催化剂,在氢氧化钠溶液中进行二氯卡宾对环己烯的加成反应,合成 7,7-二氯双环[4.1.0]庚烷,所涉及的具体反应如下:

$$\bigcirc \xrightarrow[\text{CHCl}_3/\text{TEBA}]{50\%\text{NaOH}} \bigcirc\hspace{-2pt}\diagup\hspace{-8pt}\raisebox{4pt}{Cl}\atop\raisebox{-4pt}{Cl}$$

$$CHCl_3 + NaOH \longrightarrow Cl_3CNa \xrightarrow{NaCl} Cl_2C:$$

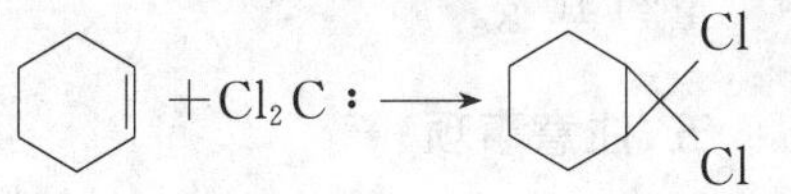

水相　　　　$R_4NCl + NaOH \Longleftrightarrow R_4NOH + NaCl$

有机相　　　$R_4NCl + Cl_2C: \Longleftrightarrow R_4NCCl_3$
$$+$$
$$H_2O$$

三、仪器与试剂

（1）仪器：电动搅拌器，循环水式真空泵，100 mL 圆底烧瓶，250 mL 三口烧瓶，直形冷凝管，球形冷凝管，滴液漏斗，150 ℃温度计，50 mL 锥形瓶，250 mL 分液漏斗，蒸馏头，引接管，氯化钙干燥管，250 mL 和 400 mL 烧杯，布氏漏斗，抽滤瓶。

（2）试剂：无水氯化钙，三乙胺，1,2-二氯乙烷，环己烯，氯仿（用等体积水洗涤 2～3 次），氯化苄，氢氧化钠，无水硫酸钠等。

（3）主要试剂及产物的物理参数（表 6-2）。

表 6-2　试剂及产物的物理参数

名称	相对分子质量	性状	折光率	熔点/℃	沸点/℃	溶解性		
						水	乙醇	乙醚
环己烯	82.15	无色液体	1.4465	-103.50	82.98	不溶	溶	溶
氯仿	119.38	无色液体，易挥发	1.4459	-63.5	61.7	微溶	溶	溶
氯化苄	126.58	无色液体		-39.2	179.4	不溶	溶	溶
三乙胺	101.19	白色粉末晶体	1.4010	-115	90	微溶	溶	溶
7,7-二氯双环[4.1.0]庚烷	168.15	无色液体	1.5014		197～198			

四、实验步骤

（1）在 100 mL 圆底烧瓶中加入 2.8 mL 氯化苄、3.5 mL 三乙胺和 10 mL1,2-二氯乙烷。缓慢升高温度至回流，待反应混合物变为黄色液体时，停止加热，使产物自然冷却，抽滤反应混合物，得到的白色固体即为三乙基苄基氯化铵（TEBA）。

（2）在 250 mL 三口烧瓶上，依次装配好电动搅拌器、回流冷凝管及温度计（装置如图 6-5 所示）。在三口烧瓶中加入 10.1 mL（0.1 mol）环己烯、30 mL（0.37 mol）氯仿和 0.5 gTEBA。将 16 g 氢氧化钠溶于 16 mL 水中得到 50％氢氧化钠溶液。启动搅拌器，将氢氧化钠溶液分 4 次从冷凝管上口加入。此时反应液温度慢慢上升至 60 ℃左右，反应液渐渐变成棕黄色并伴有固体析出。当温度开始下降时，可用热水浴维持反应温度在 55～60 ℃，回流 1 h。将反应液冷至室温，加入 50 mL 水洗涤 2 次，反应所得固体溶解，反应混合物分层，分液后将有机相加入无水硫酸镁干燥。将干燥后的产物小心地转入蒸馏烧瓶中，安装蒸馏装置，水浴上常压蒸去氯

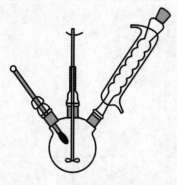

**图 6-5　7,7-二氯双环[4.1.0]
庚烷制备装置**

仿,然后进行减压蒸馏。收集 80～82 ℃/16 mmHg 馏分。产
量约 10 g。

五、注意事项

(1) 本反应为非均相的相转移催化反应,必须在强烈的
搅拌下进行。

(2) 若天冷不能自然升温至 60 ℃,可用热水浴稍作加
热。

(3) 产品也可用空气冷凝管进行常压下蒸馏得到,沸程
为 190～200 ℃。

六、思考题

(1) 简述相转移催化反应的原理。

(2) 二氯卡宾是一种活性中间体,容易与水作用,本实验在有水存在下进行,为什么二氯
卡宾还能和烯烃发生加成反应?

(3) 滴加氢氧化钠溶液时,强烈搅拌起何作用?

(4) 除了季铵盐以外,还有什么试剂可以做相转移催化剂?

附 录

附录 A 常见元素的相对原子质量

名称	符号	相对原子质量	名称	符号	相对原子质量	名称	符号	相对原子质量
氢	H	1	铝	Al	27	铁	Fe	56
氦	He	4	硅	Si	28	铜	Cu	63.5
碳	C	12	磷	P	31	锌	Zn	65
氮	N	14	硫	S	32	银	Ag	108
氧	O	16	氯	Cl	35.5	钡	Ba	137
氟	F	19	氩	Ar	40	金	Pt	195
氖	Ne	20	钾	K	39	铂	Au	197
钠	Na	23	钙	Ca	40	汞	Hg	201
镁	Mg	24	锰	Mn	55	碘	I	127

附录 B 常见恒沸混合物的组成和恒沸点

表 B-1 二元共沸点混合物的组成和恒沸点

沸点/℃	物质一及质量分数/(%)	物质二及质量分数/(%)	沸点/℃	物质一及质量分数/(%)	物质二及质量分数/(%)
78.2	乙醇/95.5	水/4.5	69.4	苯/91.1	水/8.9
64.7	氯仿/80.0	丙酮/20.0	70.8	环己烯/90	水/10
67.8	苯/67.6	乙醇/32.4	108.6	氯化氢/20.2	水/79.8
117.1	正丁醚/17.5	正丁醇/82.5	64.9	环己醇/30.5	环己烯/69.5
93.0	正丁醇/55.5	水/44.5	94.1	正丁醚/66.6	水/33.4
97.8	环己醇/20	水/80	95	环己酮/38.4	水/61.6
72	1,2-二氯乙烷/81.5	水/18.5	70.4	乙酸乙酯/91.9	水/8.1

表 B-2　三元共沸点混合物的组成和恒沸点

沸点/ ℃	三元组成(质量分数)/(%)		
	乙酸乙酯	乙醇	水
70.2	82.6	8.4	9
70.8	69.0	31.0	0
	苯	乙醇	水
64.6	74.1	18.5	7.4
	乙酸乙酯	丁醇	水
90.7	63.0	8.0	29
	正丁醚	正丁醇	水
90.6	35.5	34.6	29.9

附录 C　常用酸碱溶液的密度及组成

表 C-1　盐酸

HCl 质量分数/(%)	相对密度 d_4^{20}	100 mL 水溶液中 HCl 含量/g	HCl 质量分数/(%)	相对密度 d_4^{20}	100 mL 水溶液中 HCl 含量/g
1	1.0032	1.003	22	1.1083	24.38
2	1.0082	2.006	24	1.1087	26.85
4	1.0181	4.007	26	1.1290	29.35
6	1.0279	6.167	28	1.1392	31.90
8	1.0376	8.301	30	1.1492	34.48
10	1.0474	10.47	32	1.1593	37.10
12	1.0574	12.69	34	1.1691	39.75
14	1.0675	14.95	36	1.1789	42.44
16	1.0776	17.24	38	1.1885	45.16
18	1.0878	19.58	40	1.1980	47.92
20	1.0980	21.96			

表 C-2　硝酸

HNO₃质量分数/(%)	相对密度 d_4^{20}	100 mL 水溶液中 HNO₃含量/g	HNO₃质量分数/(%)	相对密度 d_4^{20}	100 mL 水溶液中 HNO₃含量/g
1	1.0036	1.004	65	1.3931	90.43
2	1.0091	2.018	70	1.4134	98.94
3	1.0146	3.044	75	1.4337	107.5
4	1.0201	4.080	80	1.4521	116.2
5	1.0256	5.128	85	1.4686	124.8
10	1.0543	10.54	90	1.4826	133.4
15	1.0842	16.26	91	1.4850	135.1
20	1.1150	22.30	91	1.4873	136.8
25	1.1469	28.67	93	1.4892	138.5
30	1.1800	35.40	94	1.4912	140.2
35	1.2140	42.49	95	1.4932	141.9
40	1.2463	49.85	96	1.4952	143.5
45	1.2783	57.52	97	1.4974	145.2
50	1.3100	65.50	98	1.5008	147.1
55	1.3393	73.66	99	1.5056	149.1
60	1.3667	82.00	100	1.5129	151.3

表 C-3　硫酸

H₂SO₄质量分数/(%)	相对密度 d_4^{20}	100 mL 水溶液中 H₂SO₄含量/g	H₂SO₄质量分数/(%)	相对密度 d_4^{20}	100 mL 水溶液中 H₂SO₄含量/g
1	1.0051	1.005	65	1.5533	101.0
2	1.0118	2.024	70	1.6105	112.7
3	1.0184	3.055	75	1.6692	125.2
4	1.0250	4.100	80	1.7272	138.2
5	1.0317	5.159	85	1.7786	151.2
10	1.0661	10.66	90	1.8144	163.3
15	1.1020	16.53	91	1.8195	165.6
20	1.1394	22.79	92	1.8240	167.8
25	1.1783	29.46	93	1.8279	170.2
30	1.2185	36.56	94	1.8312	172.1
35	1.2599	44.10	95	1.8337	174.2
40	1.3028	52.11	96	1.8355	176.2
45	1.3476	60.64	97	1.8364	178.1
50	1.3951	69.76	98	1.8361	179.9
55	1.4453	79.49	99	1.8342	181.6
60	1.4983	89.90	100	1.8305	183.1

表 C-4　发烟硫酸

游离 SO_3 质量分数 /(%)	相对密度 d_4^{20}	100 mL 中游离 SO_3 质量/g	游离 SO_3 质量分数 /(%)	相对密度 d_4^{20}	100 mL 中游离 SO_3 质量/g
1.54	1.860	2.8	10.07	1.900	19.1
2.66	1.865	5.0	10.56	1.905	20.1
4.28	1.870	8.0	11.43	1.910	21.8
5.44	1.875	10.2	13.33	1.915	25.5
6.42	1.880	12.1	15.95	1.920	30.6
7.29	1.885	13.7	18.67	1.925	35.9
8.16	1.890	15.4	21.34	1.930	41.2
9.43	1.895	17.7	25.65	1.935	49.6

表 C-5　乙酸(醋酸)

CH_3COOH 质量分数 /(%)	相对密度 d_4^{20}	100 mL 水溶液中 CH_3COOH 含量/g	CH_3COOH 质量分数 /(%)	相对密度 d_4^{20}	100 mL 水溶液中 CH_3COOH 含量/g
1	0.9996	0.9996	65	1.0666	69.33
2	1.0012	2.002	70	1.0685	74.80
3	1.0025	3.008	75	1.0696	80.22
4	1.0040	4.016	80	1.0700	85.60
5	1.0055	5.028	85	1.0689	90.86
10	1.0125	10.13	90	1.0661	95.95
15	1.0195	15.29	91	1.0652	96.93
20	1.0263	20.53	92	1.0643	97.92
25	1.0326	25.82	93	1.0632	98.88
30	1.0384	31.15	94	1.0619	99.82
35	1.0438	36.53	95	1.0605	100.7
40	1.0488	41.95	96	1.0588	101.6
45	1.0534	47.40	97	1.0570	102.5
50	1.0575	52.88	98	1.0549	103.4
55	1.0611	58.36	99	1.0524	104.2
60	1.0642	63.85	100	1.0498	105.0

表 C-6　氢溴酸

HBr 质量分数/(%)	相对密度 d_4^{20}	100 mL 水溶液中 HBr 含量/g	HBr 质量分数/(%)	相对密度 d_4^{20}	100 mL 水溶液中 HBr 含量/g
10	1.0723	10.7	45	1.4446	65.0
20	1.1579	23.2	50	1.5173	75.80
30	1.2580	37.7	55	1.5953	87.70
35	1.3150	46.0	60	1.6787	100.7
40	1.3772	56.1	65	1.7675	114.9

表 C-7　氢碘酸

HI 质量分数/(%)	相对密度 d_4^{20}	100 mL 水溶液中 HI 含量/g	HI 质量分数/(%)	相对密度 d_4^{20}	100 mL 水溶液中 HI 含量/g
20.77	1.1578	24.4	56.78	1.6998	96.6
31.77	1.2962	41.2	61.97	1.8218	112.80
42.7	1.4489	61.9			

表 C-8　氢氧化铵

NH₃ 质量分数/(%)	相对密度 d_4^{20}	100 mL 水溶液中 NH₃ 含量/g	NH₃ 质量分数/(%)	相对密度 d_4^{20}	100 mL 水溶液中 NH₃ 含量/g
1	0.9939	9.94	16	0.9362	149.8
2	0.9895	19.79	18	0.9295	167.3
4	0.9811	39.24	20	0.9229	184.6
6	0.9730	58.38	22	0.9164	201.6
8	0.9651	77.21	24	0.9101	218.4
10	0.9575	95.75	26	0.9040	235.0
12	0.9501	114.0	28	0.8980	251.4
14	0.9430	132.0	30	0.8920	267.6

表 C-9　氢氧化钾

KOH 质量分数/(%)	相对密度 d_4^{20}	100 mL 水溶液中 KOH 含量/g	KOH 质量分数/(%)	相对密度 d_4^{20}	100 mL 水溶液中 KOH 含量/g
1	1.0083	1.008	14	1.1299	15.82
2	1.0175	2.035	16	1.1493	19.70
4	1.0359	4.144	18	1.1688	21.04
6	1.0544	6.326	20	1.1884	23.77
8	1.0730	8.584	22	1.2083	26.58
10	1.0918	10.92	24	1.2285	29.48
12	1.1108	13.33	26	1.2489	32.47

KOH 质量分数/(%)	相对密度 d_4^{20}	100 mL 水溶液中 KOH 含量/g	KOH 质量分数/(%)	相对密度 d_4^{20}	100 mL 水溶液中 KOH 含量/g
28	1.2695	35.55	42	1.4215	59.70
30	1.2905	38.72	44	1.4443	63.55
32	1.3117	41.97	46	1.4673	67.50
34	1.3331	45.33	48	1.4907	71.55
36	1.3549	48.78	50	1.5143	75.72
38	1.3765	52.32	52	1.5382	79.99
40	1.3991	55.96			

表 C-10　氢氧化钠

NaOH 质量分数/(%)	相对密度 d_4^{20}	100 mL 水溶液中 NaOH 含量/g	NaOH 质量分数/(%)	相对密度 d_4^{20}	100 mL 水溶液中 NaOH 含量/g
1	1.0095	1.010	26	1.2848	33.40
2	1.0207	2.041	28	1.3064	36.58
4	1.0428	4.171	30	1.3279	39.84
6	1.0648	6.389	32	1.3490	43.17
8	1.0869	8.695	34	1.3696	46.57
10	1.1089	11.09	36	1.3900	50.04
12	1.1309	13.57	38	1.4101	53.58
14	1.1530	16.14	40	1.4300	57.20
16	1.1751	18.80	42	1.4494	60.87
18	1.1972	21.55	44	1.4685	64.61
20	1.2191	24.38	46	1.4873	68.42
22	1.2411	27.30	48	1.5065	72.31
24	1.2629	30.31	50	1.5253	76.27

表 C-11　碳酸钠

Na_2CO_3 质量分数/(%)	相对密度 d_4^{20}	100 mL 水溶液中 Na_2CO_3 含量/g	Na_2CO_3 质量分数/(%)	相对密度 d_4^{20}	100 mL 水溶液中 Na_2CO_3 含量/g
1	1.0086	1.009	12	1.1244	13.49
2	1.0190	2.038	14	1.1463	16.05
4	1.0398	4.159	16	1.1682	18.50
6	1.0606	6.364	18	1.1905	21.33
8	1.0816	8.653	20	1.2132	24.26
10	1.1029	11.03			

表 C-12 常用的酸和碱

溶 液	相对密度 d_4^{20}	质量分数 /(%)	浓度/ (mol·L^{-1})	质量浓度/ [g·(100 mL)$^{-1}$]
浓盐酸	1.19	37	12.0	44.0
恒沸点盐酸(252 mL 浓盐酸+200 mL 水,沸点 110 ℃)	1.10	20.2	6.1	22.2
10%盐酸(23 mL 浓盐酸稀释到 100 mL)	1.05	10	2.9	10.5
5%盐酸(50 mL 浓盐酸+380.5 mL 水)	1.03	5	1.4	5.2
1 mol·L^{-1}盐酸(41.5 mL 浓盐酸稀释到 500 mL)	1.02	3.6	1	3.6
恒沸点氢溴酸(沸点 126 ℃)	1.49	47.5	8.8	70.7
恒沸点氢碘酸(沸点 127 ℃)	1.7	57	7.6	97
浓硫酸	1.84	96	18	177
10%硫酸(25 mL 浓硫酸+398 mL 水)	1.07	10	1.1	10.7
0.5 mol·L^{-1}硫酸(13.9 mL 浓硫酸稀释到 500 mL)	1.03	4.7	0.5	4.9
浓硝酸	1.42	71	16	101
10%氢氧化钠	1.11	10	2.8	11.1
浓氨水	0.9	28.4	15	25.9

附录 D 常用有机物的物理常数

有机物(溶剂)	熔点 m. p. /℃	沸点 b. p. /℃	相对密度 d_4^{20}	折光率 n_D^{20}	相对介电常数 ε	偶极矩 μ/D
Acetic acid 乙酸	17	118	1.049	1.3716	6.15	1.68
Acetone 丙酮	−95	56.5	0.788	1.3588	20.7	2.85
Acetonitrile 乙腈	−44	82	0.782	1.3441	37.5	3.45
Anisole 苯甲醚	−3	154	0.994	1.5170	4.33	1.38
Benzene 苯	5	80.1	0.8765	1.5011	2.27	0.00
Bromobenzene 溴苯	−31	156	1.495	1.5580	5.17	1.55
Carbon disulfide 二硫化碳	−112	46.2	1.26	1.6295	2.6	0.00
Carbon tetrachloride 四氯化碳	−23	77	1.594	1.4601	2.24	0.00
Chlorobenzene 氯苯	−46	132	1.106	1.5248	5.62	1.54
Chloroform 氯仿	−64	61.3	1.489	1.4458	4.81	1.15
Cyclohexane 环己烷	6	81	0.778	1.4262	2.02	0.00

有机物(溶剂)	熔点 m. p. /℃	沸点 b. p. /℃	相对密度 d_4^{20}	折光率 n_D^{20}	相对介电常数 ε	偶极矩 μ/D
Dibutyl ether 丁醚	−98	142	0.769	1.3992	3.1	1.18
o-Dichlorobenzene 邻二氯苯	−17	181	1.306	1.5514	9.93	2.27
1,2-Dichloroethane 1,2-二氯乙烷	−36	83.4	1.2531	1.4448	10.36	1.86
Dichloroethane 二氯乙烷	−95	40	1.326	1.4241	8.93	1.55
Diethylamine 二乙胺	−50	56	0.707	1.3864	3.6	0.92
Diethyl ether 乙醚	−117	34.6	0.7134	1.35555	4.33	1.30
1,2-Dimethoxyethane 1,2-二甲氧基乙烷	−68	85	0.863	1.3796	7.2	1.71
N,N-Dimethylacetamide N,N-二甲基乙酰胺	−20	166	0.937	1.4384	37.8	3.72
N,N-Dimethylformamide N,N-二甲基甲酰胺	−60	153	0.945	1.4282	36.7	3.86
Dimethyl sulfoxide 二甲亚砜	19	189	1.100	1.4795	46.7	3.90
1,4-Dioxane 1,4-二氧六环	12	101.3	1.04	1.4229	2.25	0.45
Ethanol 乙醇	−114	78	0.7893	1.3616	24.5	1.69
Ethyl acetate 乙酸乙酯	−84	77	0.901	1.3724	6.02	1.88
Ethyl benzoate 苯甲酸乙酯	−35	213	1.050	1.5052	6.02	2.00
Formamide 甲酰胺	3	211	1.133	1.4475	111.0	3.37
Hexamethylphosphoramide 六甲基磷酰三胺	7	235	1.027	1.4588	30.0	5.54
Isopropyl alcohol 异丙醇	−90	82	0.786	1.3772	17.9	1.66
isopropyl ether 异丙醚	−60	68		1.36		
Methanol 甲醇	−98	64.7	0.7918	1.3284	32.7	1.70
2-Methylpropan-2-ol 2-甲基丙-2-醇	26	82	0.786	1.3877	10.9	1.66
Nitrobenzene 硝基苯	6	211	1.204	1.5562	34.82	4.02
Nitromethane 硝基甲烷	−28	101	1.137	1.3817	35.87	3.54
Pyridine 吡啶	−42	115	0.983	1.5102	12.4	2.37
tert-Butyl alcohol 叔丁醇	25.5	82.5		1.3878		
Tetrahydrofuran 四氢呋喃	−109	66	0.8892	1.4050	7.58	1.75
Toluene 甲苯	−95	110.6	0.8669	1.4967	2.38	0.43
Trichloroethylene 三氯乙烯	−86	87	1.465	1.4767	3.4	0.81
Triethylamine 三乙胺	−115	90	0.726	1.4010	2.42	0.87
Trifluoroacetic acid 三氟乙酸	−15	72	1.489	1.2850	8.55	2.26
2,2,2-Trifluoroethanol 2,2,2-三氟乙醇	−44	77	1.384	1.2910	8.55	2.52
Water 水	0	100	0.998	1.3330	80.1	1.82
o-Xylene 邻二甲苯	−25	144	0.880	1.5054	2.57	0.62

参 考 文 献

[1] 吉卯祉,梁久来,黄家卫. 有机化学实验[M]. 2版. 北京:科学出版社,2009.

[2] 高占先. 有机化学实验[M]. 4版. 北京:高等教育出版社,2004.

[3] 郭书好. 有机化学实验[M]. 3版. 武汉:华中科技大学出版社,2008.

[4] 刘湘,刘士荣. 有机化学实验[M]. 北京:化学工业出版社,2007.

[5] 奚关根,赵长宏,高建宝. 有机化学实验[M]. 上海:华东理工大学出版社,1999.

[6] 徐家宁,张锁秦,张寒琦. 基础化学实验(中册,有机化学实验)[M]. 北京:高等教育出版社,2006.

[7] 兰州大学、复旦大学化学系有机化学教研室. 有机化学实验[M]. 2版. 北京:高等教育出版社,1994.

[8] 王玉良,陈华. 有机化学实验[M]. 北京:化学工业出版社,2009.

[9] 曾绍琼. 有机化学实验[M]. 3版. 北京:高等教育出版社,2000.